Amtliche Mitteilungen

aus der

Abteilung für Forsten

des

Königlich Preußischen Ministeriums für Landwirtschaft, Domänen und Forsten.

1910.

Springer-Verlag Berlin Heidelberg GmbH 1912

ISBN 978-3-662-38687-3 ISBN 978-3-662-39561-5 (eBook)
DOI 10.1007/978-3-662-39561-5

Vorbemerkung.

Diese Tabellen schließen sich an die Tabellen der dritten Auflage des Werkes

„von Hagen, die forstlichen Verhältnisse Preußens“

bearbeitet von Donner, und die weiteren „Amtlichen Mitteilungen“ an. Sie haben deshalb dieselben Zahlen erhalten wie die Tabellen jenes Werkes.

Die Scheidung der Fläche nach nutzbarem und ertraglosem Boden ist weggefallen. Es findet nur noch eine Trennung nach Holzboden und Nichtholzboden statt. Ferner bleibt der taxmäßige Verlust durch Freiholzabgaben von jetzt ab unberücksichtigt. Die Muster einiger Tabellen haben sich hiernach geändert.

Die Tabelle 20 ist weggefallen. Die Ablösungskapitalien erscheinen infolge anderer Verrechnung jetzt unter den verschiedenen Einnahmen in der Spalte 9, die Kapitalien für veräußerte Forstgrundstücke in der Spalte 10 der Tabelle 46b.

Die Tabelle 43b ist entbehrlich geworden, da die Angaben, die in der Tabelle noch verblieben wären, nachdem die Aussonderung der nutzbaren Fläche und die Angabe des taxmäßigen Verlustes durch Freiholzabgaben weggefallen ist, in den Tabellen 37c, 46b, c und d enthalten sind.

Auch die Tabelle 45b ist aus diesem Grunde nicht mehr aufgestellt worden.

Inhalts-Verzeichnis.

Statistische Tabellen.

Statistische Tabellen.

Tabelle

Übersicht über die Holz-Ein- *und Ausfuhr* für

Die stehenden Zahlen bezeichnen die

Jahr	Einfuhr in den freien Verkehr und *Ausfuhr aus*										
	Bau- und Nutzholz										
	unbearbeitet oder lediglich quer bearbeitet									längs be-	
	gedämpft, getränkt usw.		weder gedämpft noch getränkt usw.						Bau- und Nutzholz, roh oder quer bearbeitet für Grenzbewohner	gedämpft, getränkt usw.	
	hart	weich	Eichenholz	Nußbaumholz	Buchen- und anderes hartes Holz	weiches Laubholz	Nadelholz	Grubenholz		hart	weich
1.	2.	3.	4.	5.	6.	7.	8.	9.	10.	11.	12.
	Zollsätze nach dem Reichsgesetz										
	0,20 M.; bei den meistbegünstigten Staaten 0,12 M.									0,50 M.,	
	Gedämpftes, getränktes oder sonst auf chemischem Wege behandeltes Bau- und Nutzholz unterliegt einem										
1907	182	672	1 809 275	50 473	846 961	1 341 251	32 498 230	1 607 696	102 795	6	225
	1	*717*	*110 284*	*175 200*		*30 143*	*929 050*	*Nur für die Einfuhr*		*29*	*2 033*
1908	256	427	1 429 799	79 144	862 291	1 436 708	27 027 263	3 622 347	92 042	5	261
	8	*8 125*	*112 088*	*175 385*		*41 711*	*935 904*	*Nur für die Einfuhr*		*65*	*399*
1909	173	162	1 171 280	51 614	846 375	1 840 717	26 852 901	3 369 403	103 860	2	436
	—	*4 389*	*100 616*	*176 647*		*45 554*	*1 039 808*	*Nur für die Einfuhr*		—	*389*
1910	1 150	1	1 349 612	45 113	864 092	1 910 187	26 907 843	2 666 319	80 874	—	549
	142	*487*	*99 004*	*235 528*		*48 605*	*1 348 816*	*Nur für die Einfuhr*		*23*	*779*

Jahr	Einfuhr in den freien Verkehr und *Ausfuhr aus*										
	Bau- und Nutzholz		Erikaholz, unbearbeitet oder geschnitten	Kokusholz, unbearbeitet oder geschnitten	Überschuß der Einfuhr *-Ausfuhr-* über die Ausfuhr *-Einfuhr-* (Spalte 28 + 29)	Zedernholz		Überschuß der Einfuhr *-Ausfuhr-* über die Ausfuhr *-Einfuhr-*	Mahagoni-, Polisanderholz		
	Insgesamt Bau- und Nutzholz (Spalten 2—25)	Überschuß der Einfuhr über die Ausfuhr				roh usw.	gesägt usw., nicht gehobelt		roh oder quer bearbeitet	beschlagen usw.	gesägt
	26.	27.	28.	29.	30.	31.	32.	33.	34.	35.	36.
	Zollsätze nach dem Reichsgesetz										
			frei			0,10 M.	0,25 M.		0,20 M.	0,50 M.	1,25 M.
1907	62 478 113	60 228 304	12 854	10 715	19 130	133 354	52 814	181 303	128 202	169 475	2 342
	2 249 809		*4 439*			*4 865*			*33 817*		
1908	55 276 129	52 866 963	13 327	11 188	22 304	248 114	49 180	292 863	213 317	184 320	1 300
	2 409 166		*2 211*			*4 431*			*30 672*		
1909	56 059 622	53 554 998	11 010	5 771	13 423	208 741	49 963	252 361	192 672	203 779	2 881
	2 504 624		*3 358*			*6 343*			*27 110*		
1910	57 462 114	54 386 796	12 268	5 316	12 072	178 086	48 532	222 400	59 049	135 579	1 795
	3 075 318		*5 512*			*4 218*			*28 082*		

7 b.

das deutsche Zollgebiet für die Jahre 1907—1910.

Einfuhr, *die schrägen die Ausfuhr.*

demselben in Mengen von 100 Kilogramm (1 dz) netto

Bau- und Nutzholz												
schlagen usw., gerissene Späne, Klärspäne						längs gesägt, nicht gehobelt usw.						
weder gedämpft noch getränkt usw.						gedämpft, getränkt usw.		weder gedämpft noch getränkt usw.				
Eichenholz	Nußbaumholz	Buchen- und anderes hartes Holz	weiches Laubholz	Nadelholz	Telegraphenstangen aller Art	hart	weich	Eichenholz	Nußbaumholz	Buchen- und anderes hartes Holz	weiches Laubholz	Nadelholz
13.	14.	15.	16.	17.	18.	19.	20.	21.	22.	23.	24.	25.
vom 7. Februar 1906 für 1 dz												
bei den meistbegünstigten Staaten 0,24 M.						1,25 M.; bei den meistbegünstigten Staaten 0,72 M.						
Zollzuschlage von 0,30 M. für 1 dz Hartholz und 0,40 M für 1 dz Weichholz, der bei den meistbegünstigten Staaten fortfällt.												
178 809	205 948	21 947	74 762	3 855 804	—	3 641	436	843 743	113 015	186 346	386 844	18 349 052
57 970	*20 166*		*1 578*	*69 827*	*110 606*	*15 485*	*1 929*	*72 143*	*98 889*		*16 184*	*537 575*
248 949	132 571	34 063	41 921	3 441 442	—	1 152	553	730 494	80 116	196 107	406 357	15 411 861
44 364	*8 533*		*1 639*	*78 018*	*128 588*	*10 645*	*1 056*	*65 297*	*87 695*		*18 817*	*690 829*
222 679	147 416	32 089	54 773	3 959 831	—	2 331	2 351	700 444	89 799	202 582	534 014	15 874 390
33 366	*10 389*		*1 670*	*51 740*	*189 658*	*8 564*	*663*	*89 722*	*98 765*		*19 480*	*633 204*
182 368	162 192	42 049	61 571	3 728 142	—	3 318	1 591	685 765	82 430	194 561	633 963	17 858 424
19 874	*10 920*		*1 115*	*67 052*	*236 940*	*5 286*	*1 803*	*116 240*	*92 155*		*20 803*	*769 746*

demselben in Mengen von 100 Kilogramm (1 dz) netto

Buchsbaum-, Eben-, Tiek-, Pockholz			Überschuß der Einfuhr *- Ausfuhr -* über die Ausfuhr *- Einfuhr -*	Eisenbahnschwellen				Überschuß der Einfuhr *- Ausfuhr -* über die Ausfuhr *- Einfuhr -*
				gedämpft, getränkt, nicht gehobelt		nicht gedämpft usw.		
roh oder quer bearbeitet	beschlagen	gesägt		aus hartem Holze	aus weichem Holze	aus hartem Holze	aus weichem Holze	
37.	38.	39.	40.	41.	42.	43.	44.	45.
vom 7. Februar 1906 für 1 dz								
0,20 M.	0,50 M.	1,25 M.		Nicht gehobelt, mit der Axt bearbeitet, auf nicht mehr als einer Längsseite gesägt 0,40 M.; bei den meistbegünstigten Staaten 0,24 M.; — auf mehr als einer Längsseite gesägt 1,25 M.; bei den meistbegünstigten Staaten 0,72 M. Für gedämpfte, getränkte usw. Eisenbahnschwellen aus Hartholz ein Zollzuschlag von 0,30 M., aus Weichholz von 0,40 M. für 1 dz, der bei den meistbegünstigten Staaten fortfällt.				
29 970	35 181	56 576	387 929	456	3 095	528 101	3 809 352	3 635 159
							705 845	
25 761	40 137	52 628	486 791	3 377	4 534	605 003	3 438 353	3 022 179
							1 029 088	
28 902	39 332	41 674	482 130	1 083	2 503	332 888	2 635 207	2 140 429
							831 252	
38 176	35 572	55 257	297 346	75	3 589	152 445	1 495 317	1 015 707
							635 719	

*

Jahr	Einfuhr in den freien Verkehr und *Ausfuhr aus*										
	Holzpflasterklötze				Überschuß der Einfuhr *-Ausfuhr-* über die Ausfuhr *-Einfuhr-*	Naben, Felgen, Speichen usw.		Überschuß der Einfuhr *-Ausfuhr-* über die Ausfuhr *-Einfuhr-*	Faßholz, ungefärbt, nicht gehobelt		
	gedämpft, getränkt usw.		nicht gedämpft usw.								
	hart	weich	hart	weich		hart	weich		von Eichenholz	von Buchen- und anderem harten Holz	weich
	46.	47.	48.	49.	50.	51.	52.	53.	54.	55.	56.
	Zollsätze nach dem Reichsgesetz										
	1,25 M.; bei den meistbegünstigten Staaten 0,72 M. — Für gedämpfte, getränkte usw. Holzpflasterklötze ein Zollzuschlag von 0,40 M. für 1 dz, der bei den meistbegünstigten Staaten fortfällt.					1 M.; bei den meistbegünstigten Staaten 0,72 M.			0,30 M.; bei den meistbegünstigten Staaten 0,20 M.	0,40 M.; bei den meistbegünstigten Staaten 0,30 M.	
1907	—	3 023	73	588		84 731	276	83 937	415 484	31 537	35 861
		5 131			*1 447*	*1 051*	*19*		*22 396*	*40 620*	*962*
1908	2	6 569	70	17		69 006	7	68 296	368 300	29 738	26 023
		14 646			*7 988*	*693*	*24*		*18 433*	*29 113*	*2 727*
1909	—	5 214	—	1		76 858	11	76 447	395 891	27 238	15 156
		9 975			*4 760*	*410*	*12*		*21 070*	*26 553*	*2 003*
1910	—	6 740	832	84		62 031	30	61 381	350 416	9 491	18 830
		8 111			*455*	*662*	*18*		*31 294*	*24 586*	*1 602*

Jahr	Einfuhr in den freien Verkehr und *Ausfuhr aus*										
	Holzmehl und Holzwolle	Überschuß der Einfuhr *-Ausfuhr-* über die Ausfuhr *-Einfuhr-*	Korkholz unbearbeitet; Zierkorkholz	Überschuß der Einfuhr *-Ausfuhr-* über die Ausfuhr *-Einfuhr-*	Korkabfälle	Überschuß der Einfuhr *-Ausfuhr-* über die Ausfuhr *-Einfuhr-*	Farbhölzer				Überschuß der Einfuhr *-Ausfuhr-* über die Ausfuhr *-Einfuhr-*
							in Blöcken, Wurzeln			zerkleinert; angegoren (fermentiert)	
							Blauholz	Gelbholz	Rotholz		
	68.	69.	70.	71.	72.	73.	74.	75.	76.	77.	78.
	Zollsätze nach dem Reichsgesetz										
	0,40 M.		frei		frei		frei				
1907	19 444	—	136 469	116 431	141 573	141 573	212 074	17 227	11 010	828	194 622
	74 811	*55 367*	*20 038*		*Nicht besonders geführt*		*22 059*	*1 915*	*748*	*21 795*	
1908	9 793	—	146 087	128 617	188 979	188 979	111 165	7 697	7 245	996	92 966
	54 161	*44 368*	*17 470*		*Nicht besonders geführt*		*14 046*	*1 372*	*2 030*	*16 689*	
1909	10 008	—	112 336	101 880	167 074	167 074	94 489	9 424	11 266	880	87 182
	56 761	*46 753*	*10 456*		*Nicht besonders geführt*		*8 256*	*1 016*	*811*	*18 794*	
1910	34 224	—	168 714	161 299	147 467	147 467	96 191	11 946	7 011	920	89 209
	61 444	*27 220*	*7 415*		*Nicht besonders geführt*		*5 467*	*1 047*	*2 544*	*17 801*	

demselben in Mengen von 100 Kilogramm (1 dz) netto

Überschuß der Einfuhr - *Ausfuhr* - über die Ausfuhr - *Einfuhr* -	Korbweiden, Faschinen	Überschuß der Einfuhr - *Ausfuhr* - über die Ausfuhr - *Einfuhr* -	Reifenstäbe	Überschuß der Einfuhr - *Ausfuhr* - über die Ausfuhr - *Einfuhr* -	Holz zu Holzmasse, Holzschliff, Zellstoff	Überschuß der Einfuhr - *Ausfuhr* - über die Ausfuhr - *Einfuhr* -	Brennholz, Zapfen von Nadelhölzern, Gerblohe, Lohkuchen	Überschuß der Einfuhr - *Ausfuhr* - über die Ausfuhr - *Einfuhr* -	Holzkohlen, auch gepulvert, Holzkohlenbriketts	Überschuß der Einfuhr - *Ausfuhr* - über die Ausfuhr - *Einfuhr* -
57.	58.	59.	60.	61.	62.	63.	64.	65.	66.	67.
vom 7. Februar 1906 für 1 dz										
	0,55 M.		0,55 M.		frei		frei		frei	
418 904	23 833	6 295	32 361	29 264	7 450 546	7 055 939	1 245 386	—	230 722	133 745
	17 538		*3 097*		*394 607*		*1 256 649*	*11 263*	*96 977*	
373 788	21 510	89	25 935	22 453	8 334 813	7 898 036	1 215 619	136 490	241 738	147 414
	21 421		*3 482*		*436 777*		*1 079 129*		*94 324*	
388 659	12 644	—	27 861	24 178	10 652 501	10 272 469	1 137 426	141 306	186 878	83 637
	22 698	*10 054*	*3 683*		*380 032*		*996 120*		*103 241*	
321 255	9 856	—	34 870	30 164	9 693 175	9 363 120	1 007 522	48 500	180 235	62 332
	30 663	*20 807*	*4 706*		*330 055*		*959 022*		*117 903*	

demselben in Mengen von 100 Kilogramm (1 dz) netto

Gerbrinden, nicht ausgelaugt, auch gemahlen			Überschuß der Einfuhr - *Ausfuhr* - über die Ausfuhr - *Einfuhr* -	Quebracho- und anderes Gerbholz		Überschuß der Einfuhr - *Ausfuhr* - über die Ausfuhr - *Einfuhr* -	Überhaupt Spalten 26, 28, 29, 31, 32, 34—39, 41—44, 46—49, 51, 52, 54—56, 58, 60, 62, 64, 66, 68, 70, 72, 74—77, 79—81, 83, 84	Überschuß der Einfuhr über die Ausfuhr	Nach dem Verhältnis der Einwohnerzahl des Preußischen Staates zu derjenigen des deutschen Zollgebietes treffen von dem Überschuß in Spalte 87 auf Preußen (in 100 kg)
Eichenrinde	Nadelholzrinden	Akazien- und andere Gerbrinden		in Blöcken	zerkleinert				
79.	80.	81.	82.	83.	84.	85.	86.	87.	88.
vom 7. Februar 1906 für 1 dz									
1,50 M.; bei den meistbegünstigten Staaten frei				nicht ausgelaugt 7 M., bei den meistbegünstigten Staaten 2 M. (ausgelaugt frei).					
582 786	348 387	230 000	1 096 312	1 128 488	53 563	1 060 603	79 886 870	74 721 373	45 804 202
19 920	*10 173*	*34 768*		*2 697*	*118 751*		*5 165 497*		
456 110	318 590	203 684	932 527	1 100 894	45 080	1 053 520	73 102 335	67 681 919	41 489 016
17 009	*8 663*	*20 185*		*73*	*92 381*		*5 420 416*		
434 412	348 744	272 190	1 003 359	934 369	40 523	845 501	74 789 422	69 573 466	42 648 535
20 839	*8 368*	*22 780*		*434*	*128 957*		*5 215 956*		
394 975	329 435	398 152	1 079 856	1 410 608	29 167	1 318 103	74 086 092	68 568 525	42 502 665
10 022	*7 935*	*24 749*		*10*	*121 662*		*5 517 567*		

Tabelle

Übersicht über die durchschnittlichen Verwertungs-

Laufende Nummer	Regierungs-bezirk	Verwertete Holzmasse: Bau- und Nutzholz einschl. Nutzrinde: aus dem Bestande des Vorjahres	Bau- und Nutzholz: aus dem Einschlage des laufenden Jahres	Bau- und Nutzholz: Zusammen (Spalten 3 und 4)	Brennholz einschl. Brennrinde: aus dem Bestande des Vorjahres	Brennholz: aus dem Einschlage des laufenden Jahres	Brennholz: Zusammen (Spalten 6 und 7)	im ganzen (Spalten 5 und 8)	Geldertrag: Bau- u. Nutzholz einschl. Nutzrinde: Für das in den Spalten 3 und 4 aufgeführte Holz soll zur Kasse gelangen	Bau- u. Nutzholz: Verwertungspreis für 1 fm		Brennholz einschl. Brennrinde: Für das in den Spalten 6 und 7 aufgeführte Holz soll zur Kasse gelangen	Brennholz: Verwertungspreis für 1 fm	
		Festmeter							Mark	M.	Pf.	Mark	M.	Pf.
1.	2.	3.	4.	5.	6.	7.	8.	9.	10.	11.		12.	13.	
1	Königsberg	.	1 839 809	1 839 809	17	526 024	526 041	2 365 850	11 470 442	6	23	1 542 162	2	93
2	Gumbinnen . . .	119	1 026 946	1 027 065	8 933	464 818	473 751	1 500 816	6 895 338	6	71	1 624 866	3	43
3	Allenstein	2 151	624 024	626 175	17 345	306 484	323 829	950 004	8 189 104	13	08	1 150 683	3	55
4	Danzig	.	192 064	192 064	11	223 237	223 248	415 312	2 582 996	13	45	828 218	3	71
5	Marienwerder . . .	34	551 228	551 262	2 227	474 897	477 124	1 028 386	7 654 708	13	89	1 800 513	3	77
6	Potsdam	.	522 007	522 007	99	447 768	447 867	969 874	8 021 418	15	37	2 490 966	5	56
7	Frankfurt a. O. . .	.	638 107	638 107	.	304 041	304 041	942 148	8 780 153	13	76	1 404 834	4	62
8	Stettin	1	287 355	287 356	4	263 364	263 368	550 724	4 547 627	15	83	1 297 738	4	93
9	Köslin	.	77 234	77 234	.	151 012	151 012	228 246	1 206 962	15	63	695 897	4	61
10	Stralsund	79	50 568	50 647	68	63 740	63 808	114 455	599 640	11	84	319 183	5	.
11	Posen	.	197 124	197 124	386	164 068	164 454	361 578	2 619 892	13	30	741 764	4	52
12	Bromberg	.	259 004	259 004	1 201	262 817	264 018	523 022	3 269 842	12	62	1 121 504	4	25
13	Breslau	4	373 855	373 859	24	155 395	155 419	529 278	4 382 789	11	72	752 452	4	84
14	Liegnitz	.	96 019	96 019	102	31 220	31 322	127 341	1 352 575	14	09	163 234	5	21
15	Oppeln	.	361 591	361 591	.	109 927	109 927	471 518	4 085 900	11	30	476 246	4	33
16	Magdeburg . . .	.	110 087	110 087	.	134 469	134 469	244 556	1 686 964	15	32	606 635	4	51
17	Merseburg	.	213 834	213 834	.	166 717	166 717	380 551	3 518 254	16	45	868 414	5	21
18	Erfurt	.	150 845	150 845	.	113 789	113 789	264 634	2 681 824	17	78	685 557	6	02
19	Schleswig	47	84 808	84 855	202	113 307	113 509	198 364	1 009 777	11	90	614 808	5	43
20	Hannover	.	74 351	74 351	.	59 818	59 818	134 169	1 087 398	14	63	302 931	5	06
21	Hildesheim	1	314 923	314 924	2 706	309 942	312 648	627 572	5 032 225	15	97	1 276 886	4	08
22	Lüneburg	.	140 507	140 507	349	104 831	105 180	245 687	1 837 628	13	08	537 260	5	11
23	Stade	.	35 808	35 808	.	25 235	25 235	61 043	531 858	14	85	107 126	4	25
24	Osnabrück (mit Aurich)	.	29 866	29 866	.	17 887	17 887	47 753	405 388	13	57	77 904	4	36
25	Minden (mit Münster)	.	120 988	120 988	.	134 173	134 173	255 161	1 616 420	13	36	557 651	4	16
26	Arnsberg	.	84 563	84 563	.	52 051	52 051	136 614	1 069 893	12	65	248 972	4	78
27	Cassel	20	322 050	322 070	779	641 893	642 672	964 742	3 987 018	12	04	2 596 038	4	04
28	Wiesbaden	.	71 212	71 212	.	201 227	201 227	272 439	909 703	12	77	1 132 346	5	63
29	Coblenz	.	57 519	57 519	.	90 034	90 034	147 553	693 894	12	07	461 655	5	13
30	Düsseldorf	.	50 921	50 921	.	31 200	31 200	82 121	670 327	13	16	116 581	3	74
31	Cöln	.	35 726	35 726	.	19 984	19 984	55 710	438 832	12	28	78 586	3	93
32	Trier	717	150 475	151 192	.	190 305	190 305	341 497	2 111 146	13	96	1 249 527	6	57
33	Aachen	18	97 308	97 326	.	48 096	48 096	145 422	1 231 901	12	66	133 049	2	77
	Summe	3 191	9 242 726	9 245 917	34 453	6 403 770	6 438 223	15 684 140	106 179 836	11	48	28 062 186	4	36

8 b.

preise für 1 Festmeter Holz im Etatsjahre 1910.

für Holz im ganzen (Spalten 10 und 12)	Verwertungspreis für 1 fm (Bau-, Nutz- und Brennholz zusammen) 14 : 9		Von der Holzmasse in Spalte 9 sind verwertet als Derbholz	Nichtderbholz	Die Holzwerbungskosten haben im ganzen betragen	Es beträgt sonach der Verwertungspreis für 1 fm Derbholz einschl. des entfallenen Stock- und Reisigholzes einschl. der Werbungskosten (14 : 16)		ausschl. der Werbungskosten [(14—18) : 16]		Von dem Einschlage des laufenden Jahres sind unverwertet geblieben Bau- und Nutzholz	Brennholz	Bemerkungen
Mark	M.	Pf.	fm	fm	Mark	M.	Pf.	M.	Pf.	fm	fm	
14.	15.		16.	17	18.	19.		20.		21.	22.	23.
13 012 604	5	50	2 306 308	59 542	3 811 029	5	64	3	99	.	.	Zu lfde. Nr. 1 und 2: Die über das Etatsjahr 1910 hinaus gestundeten und daher für 1911 veranschlagten Kaufgelder für Nonnenfraßholz aus dem Forstwirtschaftsjahre 1. Oktober 1909/10 sind hier der Einnahme für Holz zugesetzt
8 520 204	5	68	1 420 859	79 957	2 342 512	6	.	4	35	34	26 548	
9 339 787	9	83	859 837	90 167	1 155 195	10	86	9	52	161	20 357	
3 411 214	8	21	334 824	80 488	416 858	10	19	8	94	5	12	
9 455 221	9	19	836 756	191 630	940 686	11	30	10	18	.	1 648	Zu Spalte 3 und 6: Gegen die vorjährige Übersicht 6 fm Nutzholz und 958 fm Brennholz mehr.
10 512 384	10	84	854 309	115 565	1 281 555	12	31	10	81	.	4 154	
10 184 987	10	81	842 824	99 324	1 045 712	12	08	10	84	.	957	
5 845 365	10	61	497 640	53 084	586 650	11	75	10	57	.	.	
1 902 859	8	34	182 485	45 761	248 292	10	43	9	07	.	.	
918 823	8	03	91 657	22 798	205 479	10	02	7	78	33	441	
3 361 656	9	30	274 006	87 572	476 960	12	27	10	53	35	5 697	
4 391 346	8	40	408 742	114 280	475 593	10	74	9	58	.	.	Zu Spalte 6: Gegen die vorjährige Übersicht 1 fm weniger.
5 135 241	9	70	485 906	43 372	720 393	10	57	9	09	.	1 505	
1 515 809	11	90	114 659	12 682	162 751	13	22	11	80	.	10	
4 562 146	9	68	443 898	27 620	530 552	10	28	9	08	.	3	
2 293 599	9	38	180 046	64 510	328 758	12	74	10	91	10	8	
4 386 668	11	53	321 409	59 142	448 140	13	65	12	25	84	66	
3 367 381	12	72	222 922	41 712	509 095	15	11	12	82	.	.	
1 624 585	8	19	159 620	38 744	360 507	10	18	7	92	169	162	
1 390 329	10	36	110 738	23 431	222 850	12	56	10	54	.	.	
6 309 111	10	05	543 383	84 189	1 293 551	11	61	9	23	.	4 168	
2 374 888	9	67	191 590	54 097	431 277	12	40	10	14	.	612	
638 984	10	47	48 882	12 161	86 957	13	07	11	29	27	.	
483 292	10	12	36 524	11 229	78 308	13	23	11	09	.	1	
2 174 071	8	52	213 584	41 577	398 341	10	18	8	31	.	.	
1 318 865	9	65	123 255	13 359	196 346	10	70	9	11	.	.	
6 583 056	6	81	694 851	269 891	1 390 474	9	48	7	48	.	1 070	Zu Spalte 6: Gegen die vorjährige Übersicht 115 fm mehr.
2 042 049	7	50	205 312	67 127	504 340	9	95	7	49	.	.	
1 155 549	7	83	112 700	34 853	242 510	10	25	8	10	.	.	
786 908	9	58	58 818	23 303	102 790	13	38	11	63	.	.	
517 418	9	29	43 857	11 853	105 241	11	80	9	40	.	.	
3 360 673	9	84	294 544	46 953	681 090	11	41	9	10	11	54	
1 364 950	9	39	124 816	20 606	220 573	10	94	9	17	.	.	Zu Spalte 3: Gegen die vorjähr. Übersicht 14 fm mehr.
134 242 022	8	56	13 641 561	2 042 579	22 001 365	9	84	8	23	569	67 473	Zu Spalte 3 u. 6: Gegen die vorjährige Übersicht 20 fm Nutzholz und 1072 fm Brennholz mehr.

Tabelle

Übersicht über die durchschnittlichen Verwertungs-

Laubholz. Bau- und Nutzholz in

Laufende Nummer	Regierungsbezirk	Eichen Klasse III (von 40 bis 49 cm Mittendurchmesser) Es sind verwertet fm	dec	Erzielter Erlös im ganzen Mark	Pf.	für 1 fm M.	Pf.	Eichen Klasse IV (von 30 bis 39 cm Mittendurchmesser) Es sind verwertet fm	dec	Erzielter Erlös im ganzen Mark	Pf.	für 1 fm M.	Pf.	Buchen (Eschen, Rüstern, Klasse III (von 40 bis 49 cm Mittendurchmesser) Es sind verwertet fm	dec	Erzielter Erlös im ganzen Mark	Pf.	für 1 fm M.	Pf.
1.	2.	3.		4.		5.		6.		7.		8.		9.		10.		11.	
1	Königsberg	446	15	20 014	33	44	86	365	17	12 444	11	34	08	34	04	1 380	10	40	54
2	Gumbinnen	41	09	1 347	50	32	79	81	93	2 227	98	27	19	7	24	126	.	17	40
3	Allenstein	496	55	15 144	62	30	50	585	60	13 302	73	22	72	14	61	227	20	15	55
4	Danzig	772	03	17 417	27	22	56	2 422	44	46 145	48	19	05	401	16	4 862	85	12	12
5	Marienwerder . . .	691	40	20 594	60	29	79	918	67	22 004	50	23	95	183	59	3 208	.	17	47
6	Potsdam	573	45	21 906	10	38	20	346	35	8 620	10	24	89	885	01	14 028	78	15	85
7	Frankfurt a. O. . . .	174	49	8 060	20	46	19	13	78	224	.	16	26	145	38	3 110	50	21	40
8	Stettin	732	45	24 197	05	33	04	546	12	10 808	11	19	80	482	39	9 062	77	18	79
9	Köslin	49	61	2 879	05	58	03	26	.	766	92	29	50	32	96	439	62	13	34
10	Stralsund	291	45	9 874	82	33	88	267	57	5 347	99	19	99	653	71	11 727	28	17	94
11	Posen	351	33	17 531	53	49	90	446	96	14 139	30	31	63	154	57	2 744	60	17	76
12	Bromberg	807	94	24 209	79	29	96	859	96	16 176	48	18	81	2	06	40	.	19	42
13	Breslau	496	60	23 780	71	47	89	304	98	9 789	16	32	10	438	59	9 463	65	21	58
14	Liegnitz	11	78	605	45	51	40	10	19	426	40	41	84	7	86	126	60	16	11
15	Oppeln	600	62	23 283	10	38	77	585	24	15 181	50	25	94	46	72	675	10	14	45
16	Magdeburg	234	08	7 450	56	31	83	233	59	4 675	40	20	02	410	41	9 456	28	23	04
17	Merseburg	389	.	14 933	70	38	39	175	07	4 233	40	24	18	597	.	12 315	09	20	63
18	Erfurt.	86	92	2 793	30	32	14	76	27	1 604	96	21	04	1 463	74	29 598	05	20	22
19	Schleswig	253	45	9 424	30	37	18	258	46	6 819	56	26	39	734	44	10 860	50	14	79
20	Hannover	221	36	7 415	36	33	50	310	65	7 635	68	24	58	1 349	93	28 408	44	21	04
21	Hildesheim	308	01	13 676	55	44	40	244	21	6 552	78	26	83	5 337	19	105 499	34	19	77
22	Lüneburg	286	27	11 108	32	38	80	411	47	10 697	30	26	.	687	64	14 747	37	21	45
23	Stade	59	75	2 522	70	42	22	135	16	3 077	50	22	77	286	48	4 612	82	16	10
24	Osnabrück (mit Aurich)	97	34	4 255	.	43	71	71	08	2 209	40	31	08	128	18	1 975	91	15	42
25	Minden (mit Münster)	232	23	6 794	43	29	26	327	83	8 396	13	25	61	4 426	59	67 237	19	15	19
26	Arnsberg	29	58	1 209	.	40	87	35	40	1 087	50	30	72	28	30	417	50	14	75
27	Cassel	672	87	29 943	02	44	50	540	98	13 052	.	24	13	4 921	06	88 987	25	18	08
28	Wiesbaden	226	90	7 314	66	32	24	381	80	7 682	20	20	12	986	23	16 348	83	16	58
29	Coblenz	161	60	5 331	88	32	99	171	72	3 254	14	18	95	327	98	5 145	93	15	69
30	Düsseldorf	41	99	2 447	50	58	29	42	64	1 599	.	37	50	29	60	852	.	28	78
31	Cöln	22	67	972	.	42	88	6	41	199	.	31	05	3	24	61	.	18	83
32	Trier	1 147	52	42 795	39	37	29	1 106	25	24 270	20	21	94	3 081	47	46 799	61	15	19
33	Aachen	214	14	8 042	.	37	55	173	04	5 070	.	29	30	280	98	5 415	.	19	27
	Summe	11 222	62	409 275	79	36	47	12 482	99	289 720	91	23	21	28 570	35	509 961	16	17	85

9c.

preise einzelner Holzarten im Etatsjahre 1910.

Rundhölzern der Klasse A. (Ahorn usw.) Klasse IV (von 30 bis 39 cm Mittendurchmesser) Es sind verwertet fm	dec	Erzielter Erlös im ganzen Mark	Pf.	für 1 fm M.	Pf.	Weiches Laubholz einschl. Birken Klasse IV (von 30 bis 39 cm Mittendurchmesser) Es sind verwertet fm	dec	Erzielter Erlös im ganzen Mark	Pf.	für 1 fm M.	Pf.	Nadelholz. Bau- und Nutzholz in gewöhnlichen Rundhölzern Fichten Klasse II (von über 1 bis einschl. 2 Festmeter) Es sind verwertet fm	dec	Erzielter Erlös im ganzen Mark	Pf.	für 1 fm M.	Pf.	Regierungsbezirk
12.		13.		14.		15.		16.		17.		18.		19.		20.		
29	35	1 229	80	41	90	72	49	866	80	11	96	148 828	95	1 041 653	89	7	.	Königsberg.
37	35	767	50	20	55	283	53	2 195	50	7	74	25 548	08	220 131	70	8	62	Gumbinnen.
54	91	727	80	13	25	1 018	54	8 829	86	8	67	29 939	07	266 150	58	8	89	Allenstein.
1 183	35	13 125	84	11	09	450	99	4 019	71	8	91	124	07	1 816	.	14	64	Danzig.
219	43	3 080	40	14	04	312	23	3 546	10	11	36	87	79	1 169	20	13	32	Marienwerder.
980	43	13 258	81	13	52	580	14	7 029	50	12	12	4	87	107	.	21	97	Potsdam.
25	48	505	.	19	82	.	.	.	.	.	.	523	27	9 393	30	17	95	Frankfurt a. O.
153	22	1 813	12	11	83	82	11	1 059	60	12	90	62	10	948	77	15	28	Stettin.
12	21	158	21	12	96	231	28	2 204	60	9	53	51	18	802	30	15	68	Köslin.
161	51	2 961	17	18	33	39	54	530	96	13	43	349	40	5 564	12	15	92	Stralsund.
162	24	2 861	70	17	64	295	89	3 370	60	11	39	28	83	479	60	16	64	Posen.
24	76	399	20	16	12	242	55	2 939	.	12	12	33	93	477	.	14	06	Bromberg.
610	21	12 108	38	19	84	817	94	15 122	72	18	49	30 253	17	425 746	45	14	07	Breslau.
14	49	183	10	12	64	1	53	19	50	12	75	5 520	55	83 343	70	15	10	Liegnitz.
91	53	1 035	70	11	32	429	32	4 771	70	11	11	16 247	49	226 220	65	13	92	Oppeln.
307	62	6 455	17	20	98	130	19	2 273	60	17	46	31	81	574	50	18	06	Magdeburg.
644	08	11 450	84	17	78	104	01	1 572	33	15	12	6 994	20	141 191	83	20	19	Merseburg.
2 671	38	43 652	38	16	34	18	14	313	05	17	26	10 242	67	245 422	63	23	96	Erfurt.
628	85	9 803	90	15	59	61	94	1 066	10	17	21	1 384	53	19 018	43	13	74	Schleswig.
1 694	21	25 567	68	15	09	14	74	238	50	16	18	927	92	20 708	27	22	32	Hannover.
10 751	46	170 490	24	15	86	128	80	1 774	79	13	78	31 386	04	798 454	03	25	44	Hildesheim.
297	56	5 286	29	17	77	118	21	1 711	12	14	48	2 048	95	47 239	44	23	06	Lüneburg.
551	61	7 409	10	13	43	.	64	10	.	15	63	364	77	8 818	80	24	18	Stade.
472	10	5 600	45	11	86	24	03	457	.	19	02	498	43	9 233	74	18	53	Osnabrück (mit Aurich).
7 436	86	87 654	60	11	79	20	61	349	50	16	96	4 134	57	101 465	15	24	54	Minden (mit Münster).
91	25	899	59	9	86	.	.	.	.	.	.	4 226	.	86 149	07	20	39	Arnsberg.
7 101	09	105 441	43	14	85	51	12	650	90	12	73	4 854	01	101 890	63	20	99	Cassel.
976	38	10 937	76	11	20	32	60	300	20	9	21	2 897	68	61 202	90	21	12	Wiesbaden.
521	25	6 104	07	11	71	18	01	131	50	7	30	1 955	55	34 559	.	17	67	Coblenz.
23	05	542	.	23	51	.	64	16	14	25	22	2	12	38	80	18	30	Düsseldorf.
1	83	28	22	15	42	2	27	23	.	10	13	266	38	4 179	53	15	69	Cöln.
3 665	57	42 655	50	11	64	34	11	396	02	11	61	845	24	14 585	78	17	26	Trier.
215	81	3 308	.	15	33	.	.	.	.	.	.	3 206	76	68 255	71	21	28	Aachen.
41 812	43	597 502	95	14	29	5 618	14	67 789	90	12	07	333 870	38	4 046 992	50	12	12	Summe

Laufende Nummer	Regierungsbezirk	Nadelholz. Bau- und Nutzholz in gewöhnlichen Rundhölzern																	
		Fichten						Kiefern											
		Klasse III (von über 0,5 bis einschl. 1 Festmeter)						Klasse II (von über 1 bis einschl. 2 Festmeter)						Klasse III (von über 0,5 bis einschl. 1 Festmeter)					
		Es sind verwertet		Erzielter Erlös im ganzen		Erzielter Erlös für 1 fm		Es sind verwertet		Erzielter Erlös im ganzen		Erzielter Erlös für 1 fm		Es sind verwertet		Erzielter Erlös im ganzen		Erzielter Erlös für 1 fm	
		fm	dec	Mark	Pf.	M.	Pf.	fm	dec	Mark	Pf.	M.	Pf.	fm	dec	Mark	Pf.	M.	Pf.
		21.		22.		23.		24.		25.		26.		27.		28.		29.	
1	Königsberg	204 170	22	1 340 934	51	6	57	11 970	22	206 894	85	17	28	8 167	53	105 128	52	12	87
2	Gumbinnen	34 919	69	308 874	08	8	85	5 014	76	73 898	40	14	74	8 056	28	97 815	.	12	14
3	Allenstein	20 521	32	172 571	58	8	41	106 543	63	1 975 203	29	18	54	85 213	26	1 136 435	79	13	34
4	Danzig	527	83	5 904	90	11	19	38 470	62	632 738	07	16	45	31 757	48	440 535	04	13	87
5	Marienwerder . . .	333	81	3 406	30	10	20	89 571	18	1 576 807	07	17	60	96 327	76	1 370 678	16	14	23
6	Potsdam	83	33	1 331	.	15	97	107 119	31	2 306 779	57	21	54	102 339	51	1 603 531	65	15	67
7	Frankfurt a. O. . .	806	36	11 788	10	14	62	35 282	96	713 655	05	20	23	41 285	82	631 647	45	15	30
8	Stettin	185	77	2 150	22	11	57	32 817	59	661 625	.	20	19	23 163	85	357 932	71	15	45
9	Köslin	188	09	2 330	86	12	39	11 396	11	214 101	40	18	79	9 061	23	148 929	75	16	44
10	Stralsund	1 225	12	17 872	98	14	59	427	48	5 999	15	14	03	797	74	10 454	38	13	10
11	Posen	36	65	572	10	15	61	24 130	39	484 643	12	20	08	28 146	13	454 736	.	16	16
12	Bromberg	223	66	2 546	30	11	38	38 345	85	560 312	19	14	61	42 680	32	539 734	45	12	65
13	Breslau	35 580	16	416 801	40	11	71	11 721	31	217 823	21	18	58	24 422	34	314 126	05	12	86
14	Liegnitz	5 828	28	76 426	50	13	11	2 573	43	60 466	60	23	50	3 338	73	57 773	50	17	30
15	Oppeln	19 461	26	227 056	99	11	67	26 222	38	552 175	60	21	06	48 544	50	688 586	41	14	18
16	Magdeburg	69	95	1 028	50	14	70	9 583	12	216 091	71	22	55	14 496	69	252 383	22	17	41
17	Merseburg	7 967	48	138 897	41	17	43	21 817	52	518 782	95	23	78	29 145	51	549 831	41	18	87
18	Erfurt	13 284	16	274 600	28	20	67	137	69	2 854	21	20	73	686	69	12 607	93	18	36
19	Schleswig	4 442	81	52 332	10	11	78	205	97	3 527	60	17	13	950	33	12 161	77	12	80
20	Hannover	2 827	50	60 277	81	21	32	1 391	98	29 367	17	21	10	4 314	81	83 074	42	19	25
21	Hildesheim	40 999	50	886 621	31	21	63	162	14	3 732	45	23	02	244	42	3 874	44	15	85
22	Lüneburg	4 542	01	85 143	53	18	75	4 829	40	113 345	26	23	47	8 448	31	149 648	84	17	71
23	Stade	1 698	80	31 651	40	18	63	529	93	12 582	50	23	74	2 851	62	52 814	80	18	52
24	Osnabrück (mit Aurich)	1 434	24	23 509	42	16	39	210	27	3 471	21	16	51	1 958	32	27 748	95	14	17
25	Minden (mit Münster)	6 820	43	146 234	29	21	44	310	85	6 982	70	22	46	886	81	15 319	80	17	28
26	Arnsberg	7 704	93	137 395	01	17	83	164	12	2 634	14	16	05	549	73	7 264	86	13	22
27	Cassel	10 059	89	192 834	07	19	17	3 905	45	77 610	95	19	87	15 274	48	228 625	68	14	97
28	Wiesbaden	5 046	34	90 281	17	17	89	328	37	7 314	55	22	28	1 067	51	16 684	16	15	63
29	Coblenz	4 571	71	71 389	84	15	62	68	73	1 206	02	17	55	393	86	5 357	91	13	60
30	Düsseldorf	3	90	82	40	21	13	1 000	12	18 143	89	18	14	4 780	52	74 410	46	15	57
31	Cöln	824	17	11 412	73	13	85	.	.	.	.	.	.	.	.	.	.	.	.
32	Trier	3 466	62	51 903	54	14	97	539	50	10 133	30	18	78	1 532	19	26 943	30	17	58
33	Aachen	9 870	58	169 926	79	17	22	809	93	11 575	69	14	29	2 896	37	37 668	90	13	01
	Summe	449 726	57	5 016 089	42	11	15	587 602	31	11 282 478	87	19	20	643 780	65	9 514 465	71	14	78

9 c.

Brennholz.												Rinde.						Regierungsbezirk
Buchen (Eschen, Rüstern, Ahorn usw.)						Kiefern						Eichen. Spiegelrinde (ausschließlich der Werbungskosten)						
Kloben												Es sind verwertet in Mengen von 50 kg		Erzielter Erlös				
Es sind verwertet		Erzielter Erlös				Es sind verwertet		Erzielter Erlös										
		im ganzen		für 1 rm				im ganzen		für 1 rm				im ganzen		für 50 kg		
rm	dec	Mark	Pf.	M.	Pf.	rm	dec	Mark	Pf.	M.	Pf.		dec	Mark	Pf.	M.	Pf.	
30.		31.		32.		33.		34.		35.		36.		37.		38.		39.
4 537	60	21 182	20	4	67	60 844	71	179 645	74	2	95	.	.	.	.	.	.	Königsberg.
1 674	20	6 270	90	3	75	34 415	.	117 620	75	3	42	.	.	.	.	.	.	Gumbinnen.
3 604	50	14 514	60	4	03	136 580	75	413 098	45	3	03	.	.	.	.	.	.	Allenstein.
26 787	90	110 027	30	4	11	54 736	10	216 744	98	3	96	.	.	.	.	.	.	Danzig.
9 404	14	44 851	20	4	77	177 416	30	692 384	42	3	90	.	.	.	.	.	.	Marienwerder.
33 904	50	155 734	40	4	59	213 726	40	1 120 553	18	5	24	.	.	.	.	.	.	Potsdam.
11 437	50	55 708	60	4	87	65 414	.	302 636	44	4	63	.	.	.	.	.	.	Frankfurt a. O.
48 342	.	244 892	56	5	07	67 370	90	280 170	96	4	16	.	.	.	.	.	.	Stettin.
48 081	.	234 538	90	4	88	24 269	70	88 927	25	3	66	.	.	.	.	.	.	Köslin.
16 039	80	87 291	15	5	44	5 818	30	21 239	10	3	65	.	.	.	.	.	.	Stralsund.
2 593	50	12 445	.	4	80	46 622	50	212 118	53	4	55	.	.	.	.	.	.	Posen.
594	70	3 212	33	5	40	118 994	.	540 349	17	4	54	.	.	.	.	.	.	Bromberg.
12 725	.	49 446	91	3	89	44 597	80	200 269	41	4	49	.	.	.	.	.	.	Breslau.
1 216	.	6 348	.	5	22	5 571	.	29 123	90	5	23	.	.	.	.	.	.	Liegnitz.
1 017	.	4 243	18	4	17	34 412	60	143 876	15	4	18	.	.	.	.	.	.	Oppeln.
17 724	50	91 080	20	5	14	14 962	50	68 023	82	4	55	154	70	433	20	2	80	Magdeburg.
15 994	.	86 494	.	5	41	54 528	50	302 187	10	5	54	.	.	.	.	.	.	Merseburg.
43 906	20	292 704	33	6	67	302	.	1 658	20	5	49	.	.	.	.	.	.	Erfurt.
51 832	30	326 578	20	6	31	2 044	50	8 813	70	4	31	.	.	.	.	.	.	Schleswig.
18 422	80	104 712	30	5	68	1 196	50	5 807	70	4	85	.	.	.	.	.	.	Hannover.
111 895	55	529 403	25	4	73	511	.	1 812	95	3	55	.	.	.	.	.	.	Hildesheim.
13 996	.	104 650	70	7	48	2 697	.	13 549	70	5	02	.	.	.	.	.	.	Lüneburg.
5 067	.	35 725	80	7	05	1 098	50	4 422	80	4	03	.	.	.	.	.	.	Stade.
1 839	.	11 143	80	6	06	280	.	1 112	10	3	97	.	.	.	.	.	.	Osnabrück (mit Aurich).
66 272	60	274 732	25	4	15	501	50	1 919	60	3	83	.	.	.	.	.	.	Minden (mit Münster).
32 555	15	137 028	43	4	21	3	.	6	60	2	20	.	.	.	.	.	.	Arnsberg.
193 226	70	1 007 900	40	5	22	8 091	80	30 210	69	3	73	4 322	88	9 646	07	2	23	Cassel.
89 005	.	528 495	80	5	94	1 914	50	7 412	10	3	87	1 059	66	1 967	75	1	86	Wiesbaden.
39 033	90	229 918	50	5	89	405	.	1 527	70	3	77	183	.	127	40	.	70	Coblenz.
3 194	50	18 486	50	5	79	2 094	50	11 409	70	5	45	.	.	.	.	.	.	Düsseldorf.
3 468	.	13 144	.	3	79	293	.	907	70	3	10	.	.	.	.	.	.	Cöln.
104 174	50	612 013	70	5	87	872	.	3 623	10	4	15	.	.	.	.	.	.	Trier.
17 954	90	58 565	07	3	26	188	.	615	12	3	27	184	.	109	60	.	60	Aachen.
1 051 521	94	5 513 484	46	5	24	1 182 773	86	5 023 778	81	4	25	5 904	24	12 284	02	2	08	Summe

Tabelle 11b.

Zusammenstellung der im ganzen Staate ausgegebenen Jagdscheine für das Etatsjahr 1910.

Lfd. Nr.	Provinz	Jahres- Jagdscheine	Tages- Jagdscheine	Ausländer Jahres- Jagdscheine	Ausländer Tages- Jagdscheine	Doppel-Ausfertigungen	unentgeltliche	Zusammen Jahres- und unentgeltliche Jagdscheine	Zusammen Tages- Jagdscheine	Lfd. Nr.
1.	2.	3.	4.	5.	6.	7.	8.	9.	10.	11.
1	Ostpreußen	9 674	1 287	.	3	82	1 381	11 055	1 290	1
2	Westpreußen	6 562	700	.	1	58	1 122	7 684	701	2
3	Brandenburg	17 662	2 485	4	14	169	2 182	19 848	2 499	3
4	Pommern	8 605	1 445	4	4	68	1 022	9 631	1 449	4
5	Posen	8 374	1 399	16	97	69	779	9 169	1 496	5
6	Schlesien	14 677	1 970	26	110	120	2 005	16 708	2 080	6
7	Sachsen	16 880	4 454	5	12	85	1 114	17 999	4 466	7
8	Schleswig-Holstein	11 275	1 290	10	11	91	304	11 589	1 301	8
9	Hannover	17 963	3 129	37	27	114	1 128	19 128	3 156	9
10	Westfalen	12 937	1 898	3	7	85	689	13 629	1 905	10
11	Hessen-Nassau	6 750	932	4	15	59	1 760	8 514	947	11
12	Rheinprovinz	18 002	2 497	159	248	123	1 493	19 654	2 745	12
13	Hohenzollern	405	41	1	5	.	68	474	46	13
	im ganzen	149 766	23 527	269	554	1123	15 047	165 082	24 081	

Tabelle 18b.

Zusammenstellung der in den Staatsforsten beim Forst- und Jagdschutze vorgekommenen Tötungen und Verwundungen während der Jahre 1906—1910.

Jahr	Forstbeamte wurden durch Wilddiebe und Forstfrevler				Bei der Ausübung des Forstschutzes in den königlichen Forsten wurden außerdem Personen, die nicht dem zum Waffengebrauche berechtigten Forstschutzpersonale angehörten,				Vom Forstschutzpersonale wurden durch Wilddiebe und Forstfrevler zusammen				Wilddiebe und Forstfrevler wurden durch Forstbeamte bei gerechtfertigtem Waffengebrauch			
	getötet	schwer verwundet	leicht verwundet	Summe der Fälle	getötet	schwer verwundet	leicht verwundet	Summe der Fälle	getötet	schwer verwundet	leicht verwundet	Summe der Fälle	getötet	schwer verwundet	leicht verwundet	Summe der Fälle
1.	2.	3.	4.	5.	6.	7.	8.	9.	10.	11.	12.	13.	14.	15.	16.	17.
1906	1	.	1	2	.	.	.	.	1	.	1	2	1	.	1	2
1907	1	1	.	2	.	.	.	.	1	1	.	2	2	1	3	6
1908	.	.	.	.	.	.	.	.	.	.	.	.	3	2	3	8
1909	.	.	1	1	.	.	.	.	.	.	1	1	3	3	1	7
1910	1	2	.	3	.	.	.	.	1	2	.	3	2	1	2	5

Jahr	Wilddiebe und Forstfrevler wurden durch Forstbeamte bei ungerechtfertigtem Waffengebrauch				Wilddiebe und Forstfrevler wurden durch Personen, die mit Ausübung des Forstschutzes in den königlichen Forsten betraut waren, aber nicht dem zum Waffengebrauch berechtigten Forstschutzpersonale angehörten, in der Notwehr				ungerechtfertigt				Wilddiebe und Forstfrevler wurden zusammen			
	getötet	schwer verwundet	leicht verwundet	Summe der Fälle	getötet	schwer verwundet	leicht verwundet	Summe der Fälle	getötet	schwer verwundet	leicht verwundet	Summe der Fälle	getötet	schwer verwundet	leicht verwundet	Summe der Fälle
	18.	19.	20.	21.	22.	23.	24.	25.	26.	27.	28.	29.	30.	31.	32.	33.
1906	.	.	.	.	.	.	.	.	.	.	.	.	1	.	1	2
1907	.	.	.	.	.	.	.	.	.	.	.	.	2	1	3	6
1908	.	.	.	.	.	.	.	.	.	.	.	.	3	2	3	8
1909	.	.	.	.	.	.	.	.	.	.	.	.	3	3	1	7
1910	.	.	.	.	.	.	.	.	.	.	.	.	2	1	2	5

Tabelle 19b.

Überſicht über die Forſt=, Jagd= und Fiſcherei=Frevel im Kalenderjahre 1910.

Laufende Nummer	Regierungsbezirk	Zahl der zur Anzeige gebrachten: Diebſtähle an aufgearbeitetem Holze, im ganzen	Diebſtähle an aufgearbeitetem Holze, für 100 ha der Geſamtfläche	Vergehen gegen das Forſtdiebſtahlsgeſetz, im ganzen	Vergehen gegen das Forſtdiebſtahlsgeſetz, für 100 ha der Geſamtfläche	Forſtpolizei-Übertretungen, im ganzen	Forſtpolizei-Übertretungen, für 100 ha der Geſamtfläche	Jagdvergehen und Übertretungen, im ganzen	Jagdvergehen und Übertretungen, für 100 ha der Geſamtfläche	Fiſchereivergehen, im ganzen	Fiſchereivergehen, für 100 ha der Geſamtfläche	Fälle der Widerſetzlichkeit gegen Forſtbeamte, im ganzen	Fälle der Widerſetzlichkeit gegen Forſtbeamte, für 100 ha der Geſamtfläche	Zahl der zur Verurteilung gelangten: Diebſtähle an aufgearbeitetem Holze, im ganzen	Diebſtähle an aufgearbeitetem Holze, für 100 ha der Geſamtfläche	Vergehen gegen das Forſtdiebſtahlsgeſetz, im ganzen	Vergehen gegen das Forſtdiebſtahlsgeſetz, für 100 ha der Geſamtfläche	Forſtpolizei-Übertretungen, im ganzen	Forſtpolizei-Übertretungen, für 100 ha der Geſamtfläche	Jagdvergehen und Übertretungen, im ganzen	Jagdvergehen und Übertretungen, für 100 ha der Geſamtfläche	Fiſchereivergehen, im ganzen	Fiſchereivergehen, für 100 ha der Geſamtfläche	Fälle der Widerſetzlichkeit gegen Forſtbeamte, im ganzen	Fälle der Widerſetzlichkeit gegen Forſtbeamte, für 100 ha der Geſamtfläche	Anzahl der wegen Brandſtiftung beſtraften Perſonen	Bemerkungen
1.	2.	3.	4.	5.	6.	7.	8.	9.	10.	11.	12.	13.	14.	15.	16.	17.	18.	19.	20.	21.	22.	23.	24.	25.	26.	27.	28.
1	Königsberg	49	0,04	325	0,24	189	0,14	4		29	0,02	5	.	40	0,03	302	0,22	184	0,13	5	.	29	0,02	5	.	4	
2	Gumbinnen	87	0,05	349	0,22	214	0,13	9	0,01	30	0,02	3	.	84	0,05	345	0,21	211	0,13	8	.	27	0,02	3	.	2	
3	Allenſtein	104	0,05	642	0,28	484	0,21	23	0,01	137	0,06	3	.	97	0,04	631	0,28	460	0,20	23	0,01	125	0,05	3	.	1	
4	Danzig	131	0,09	2 889	2,07	443	0,32	19	0,01	51	0,04	6	.	120	0,09	2 752	1,97	425	0,30	13	0,01	49	0,04	4	.	.	
5	Marienwerder	157	0,06	1 879	0,67	1 171	0,42	21	0,01	63	0,02	1	.	145	0,05	1 837	0,66	1 133	0,40	17	0,01	61	0,02	1	.	1	
6	Potsdam	37	0,02	1 549	0,68	2 462	1,08	19	0,01	151	0,07	5	.	32	0,01	1 444	0,64	2 357	1,04	15	0,01	135	0,06	2	.	.	
7	Frankfurt a. O.	12	0,01	553	0,27	675	0,33	3	.	45	0,02	1	.	11	0,01	549	0,27	640	0,31	2	.	45	0,02	.	.	.	
8	Stettin	30	0,03	1 600	1,34	1 847	1,55	6	0,01	3	.	1	.	27	0,02	1 526	1,28	1 796	1,50	3	.	3	.	1	.	.	
9	Köslin	15	0,02	173	0,21	130	0,16	5	0,01	15	0,02	.	.	11	0,01	165	0,20	126	0,15	5	0,01	13	0,02	.	.	.	
10	Stralſund	.	.	105	0,36	173	0,60	4	0,01	1	.	.	.	.	.	105	0,36	163	0,57	2	0,01	1	.	.	.	.	
11	Poſen	31	0,03	1 175	1,10	414	0,39	14	0,01	1	.	3	.	30	0,03	1 155	1,08	385	0,36	6	0,01	1	.	1	.	.	
12	Bromberg	70	0,05	1 461	1,03	807	0,57	18	0,01	6	.	4	.	63	0,04	1 425	1,00	727	0,51	12	0,01	6	.	3	.	.	
13	Breslau	17	0,03	355	0,56	126	0,20	3	.	7	0,01	.	.	15	0,02	350	0,55	125	0,20	1	.	7	0,01	.	.	.	
14	Liegnitz	.	.	79	0,33	61	0,26	1	.	.	.	.	.	.	.	78	0,33	61	0,26	1	.	.	.	.	.	.	
15	Oppeln	38	0,05	1 373	1,77	242	0,31	8	0,01	6	0,01	2	.	31	0,04	1 336	1,72	221	0,28	3	.	4	0,01	2	.	1	
16	Magdeburg	3	.	547	0,79	238	0,34	9	0,01	15	0,02	6	0,01	3	.	546	0,79	222	0,32	9	0,01	15	0,02	6	0,01	.	
17	Merſeburg	21	0,03	561	0,71	490	0,62	7	0,01	1	.	4	0,01	14	0,02	562	0,71	483	0,61	8	0,01	1	.	3	.	1	
18	Erfurt	24	0,06	325	0,84	398	1,03	9	0,02	2	0,01	1	.	16	0,04	312	0,80	396	1,02	5	0,01	2	0,01	1	.	.	
19	Schleswig	5	0,01	20	0,04	112	0,25	8	0,02	2	.	1	.	2	.	28	0,06	109	0,24	6	0,01	1	.	.	.	1	
20	Hannover	11	0,04	173	0,57	130	0,43	3	0,01	.	.	1	.	7	0,02	176	0,58	129	0,42	2	0,01	.	.	1	.	1	
21	Hildesheim	14	0,01	473	0,45	286	0,27	17	0,02	6	0,01	3	.	10	0,01	469	0,45	261	0,25	16	0,02	6	0,01	2	.	.	
22	Lüneburg	3	.	55	0,07	224	0,27	5	0,01	.	.	1	.	2	.	53	0,06	221	0,26	5	0,01	.	.	1	.	.	
23	Stade	.	.	8	0,04	31	0,15	6	0,03	.	.	1	.	.	.	6	0,03	30	0,14	7	0,03	.	.	1	.	2	
24	Osnabrück (m. Aurich)	7	0,04	19	0,12	56	0,34	1	0,01	.	.	.	.	5	0,03	18	0,11	56	0,34	1	0,01	.	.	.	.	.	
25	Minden (m. Münſter)	3	0,01	183	0,50	106	0,29	3	0,01	1	.	1	.	.	.	161	0,44	105	0,29	4	0,01	1	.	1	.	2	
26	Arnsberg	.	.	43	0,18	40	0,17	6	0,03	1	.	.	.	.	.	42	0,18	39	0,17	3	0,01	.	.	.	.	.	
27	Caſſel	69	0,03	1 261	0,61	931	0,45	26	0,01	36	0,02	7	.	59	0,03	1 268	0,61	917	0,44	20	0,01	23	0,01	6	.	.	
28	Wiesbaden	8	0,02	162	0,30	330	0,62	18	0,03	52	0,10	.	.	4	0,01	150	0,28	303	0,57	12	0,02	45	0,08	.	.	.	
29	Coblenz	3	0,01	73	0,24	90	0,30	4	0,01	1	.	.	.	2	0,01	71	0,24	88	0,29	3	0,01	.	.	.	.	.	
30	Düſſeldorf	11	0,06	76	0,40	17	0,09	21	0,11	29	0,15	3	0,02	7	0,04	73	0,38	8	0,04	12	0,06	18	0,09	3	0,02	.	
31	Cöln	23	0,16	171	1,16	53	0,36	8	0,05	.	.	2	0,01	22	0,15	167	1,14	47	0,32	7	0,05	.	.	2	0,01	.	
32	Trier	60	0,09	2 867	4,33	1 462	2,21	14	0,02	6	0,01	14	0,02	50	0,08	2 796	4,22	1 411	2,13	12	0,02	4	0,01	12	0,02	.	
33	Aachen	4	0,01	116	0,33	26	0,07	13	0,04	.	.	.	.	5	0,01	120	0,34	25	0,07	13	0,04	.	.	.	.	.	
	Summe	1 047	0,03	21 640	0,72	14 458	0,48	335	0,01	697	0,02	79	.	914	0,03	21 018	0,70	13 864	0,46	261	0,01	622	0,22	64	.	16	

Tabelle 27a. Summarische, nach alten und neuen Provinzen getrennte Übersicht über den Fortgang der Forstservitut- usw. Ablösungen in den Staatsforsten in den Jahren 1906—1910.

Nr.	Jahr	1. In den **alten** Provinzen							2. In den **neuen** Provinzen						
		Anzahl der		Als Abfindung sind gegeben					Anzahl der		Als Abfindung sind gegeben				
		be-arbeiteten	ab-geschlossenen	Forstland		Kapital	Renten		be-arbeiteten	ab-geschlossenen	Forstland		Kapital	Renten	
		Sachen		ha	dec	Mark	Mark		Sachen		ha	dec	Mark	Mark	
1.	2.	3.	4.	5.		6.	7.		8.	9.	10.		11.	12.	
1	1906	55	9	.	.	57 145	31 804		34	14	35	809	46 587	1705	
2	1907	79	28	.	.	336 650	31 163		27	10	38	244	32 959	1812	
3	1908	63	19	.	.	263 245	762 920		23	9	10	380	83 139	1811	
4	1909	64	17	.	.	129 162	767 057		18	5	18	582	145 679	1645	
5	1910	59	17	.	.	259 451	704 684		12	2	11	319	66 350	1731	

Tabelle 27b. Übersicht über den Fortgang der Forstservitut- usw. Ablösungen im Jahre 1910.

Lfd. Nr.	Regierungsbezirk	Be-arbeitete	Ab-geschlossene	Als Abfindung sind gegeben: Forstland ha	Forstland dec	Kapital	Renten
		Sachen		ha	dec	Mark	Mark
1.	2.	3.	4.	5.		6.	7.
1	Königsberg	5	5	.	.	98 248	133 706
2	Gumbinnen	10	3	.	.	4 765	290 156
3	Allenstein	5	1	.	.	19 003	247 085
4	Danzig	1	.	.	.	12 147	.
5	Marienwerder . . .	10	1	.	.	30 216	.
6	Potsdam	3	1	.	.	29 890	3 130
7	Frankfurt a. O. . .	8	1	.	.	.	.
8	Stettin	4	.	.	.	186	1 245
9	Köslin	1	1	.	.	.	.
10	Stralsund	.	.	.	.	.	.
11	Posen	.	.	.	.	12 088	.
12	Bromberg	2	.	.	.	719	.
13	Breslau	5	3	.	.	36	4
14	Liegnitz	.	.	.	.	.	.
15	Oppeln	.	.	.	.	.	.
16	Magdeburg	.	.	.	.	.	.
17	Merseburg	.	.	.	.	.	33
	Zu übertragen	54	16	.	.	207 298	675 359

Lfd. Nr.	Regierungsbezirk	Be-arbeitete	Ab-geschlossene	Als Abfindung sind gegeben: Forstland ha	Forstland dec	Kapital	Renten
		Sachen		ha	dec	Mark	Mark
1.	2.	3.	4.	5.		6.	7.
	Übertrag	54	16	.	.	207 298	675 359
18	Erfurt	1	.	.	.	12	.
19	Schleswig	2	.	.	.	.	711
20	Hannover	.	.	.	.	112	.
21	Hildesheim	5	.	.	.	44 541	1
22	Lüneburg	1	.	.	.	.	1 015
23	Stade	.	.	.	.	.	.
24	Osnabrück (mit Aurich)	.	.	.	.	1 000	.
25	Minden (mit Münster)	5	1	11	3192	9	.
26	Arnsberg	.	.	.	.	.	.
27	Cassel	1	.	.	.	1 196	4
28	Wiesbaden	1	1	.	.	19 500	.
29	Coblenz	1	1	.	.	52 133	.
30	Düsseldorf	.	.	.	.	.	.
31	Cöln	.	.	.	.	.	.
32	Trier	.	.	.	.	.	29 325
33	Aachen	.	.	.	.	.	.
	Zusammen	71	19	11	3192	325 801	706 415

Tabelle 27c.

Zusammenstellung der auf Grund des Gesetzes vom 27. April 1872 (Ges.-S. S. 417) und der demselben nachgebildeten Gesetze an die Provinzial-Rentenbanken gezahlten Amortisationsrenten für abgelöste Leistungen der Forstverwaltung an Kirchen, Pfarren, Küstereien, sonstige geistliche Institute, fromme und milde Stiftungen, Wohltätigkeits-Anstalten usw. für 1907 bis 1910.

Nr.	Regierungsbezirk	1907 Mark	1907 Pf.	1908 Mark	1908 Pf.	1909 Mark	1909 Pf.	1910 Mark	1910 Pf.
1.	2.	3.		4.		5.		6.	
1	Königsberg								
2	Gumbinnen								
3	Allenstein	69 634	40	69 720	20	69 718	61	69 634	80
4	Danzig								
5	Marienwerder								
6	Potsdam	51 079	.	51 079	.	51 079	.	51 079	.
7	Frankfurt a. O.								
8	Stettin								
9	Köslin	70 124	39	69 807	56	69 363	99	69 363	99
10	Stralsund								
11	Posen	.	.	.	.	.	.	.	.
12	Bromberg	.	.	.	.	.	.	.	.
13	Breslau								
14	Liegnitz	12 168	86	12 168	86	12 168	86	12 168	26
15	Oppeln								
16	Magdeburg	.	.	.	.	.	.	.	.
17	Merseburg	.	.	.	.	.	.	.	.
18	Erfurt	.	.	.	.	.	.	.	.
19	Schleswig	9 174	20	9 374	08	9 374	08	9 174	20
20	Hannover								
21	Hildesheim								
22	Lüneburg	68 367	40	68 367	40	68 367	40	68 318	.
23	Stade								
24	Osnabrück (mit Aurich)								
25	Minden (mit Münster)	.	.	.	.	.	.	.	.
26	Arnsberg	.	.	.	.	.	.	.	.
27	Cassel	.	.	.	.	.	.	.	.
28	Wiesbaden	.	.	.	.	.	.	.	.
29	Coblenz	.	.	.	.	.	.	.	.
30	Düsseldorf	.	.	.	.	.	.	.	.
31	Cöln	.	.	.	.	.	.	.	.
32	Trier	.	.	.	.	.	.	.	.
33	Aachen	.	.	.	.	.	.	.	.
	Zusammen	280 548	25	280 517	10	280 071	94	279 738	25

Tabelle 33a.

Nachweisung des jährlichen Bedarfes an Kiefernsamen in den Staatsforsten und der auf den Königlichen Darren gewonnenen Samenmengen für die Jahre 1906 bis 1910.

Bedarfsmenge zu den Kulturen für	Bedarfsmenge kg	Bedarfsmenge dec.	Selbstgewonnener Samen kg	Selbstgewonnener Samen dec.	Selbstkostenpreis für das kg einschl. des Betrages für Verzinsung und Tilgung des Bau-Kapitals Mark	Pf.
1.	2.		3.		4.	
1906	48 885	90	58 103	24	4	08
1907	56 272	60	26 737	72	4	81
1908	36 715	.	13 276	29	7	64
1909	31 658	52	50 989	19	7	13
1910	42 604	46	60 957	80	6	95

Tabelle 34 a. Übersicht über die Erträge aus der Jagd

(Die schrägen Zahlen in den Spalten

Laufende Nummer	Regierungsbezirk	Durch Verwaltungsbeschuß sind erlegt: Elchwild				Rotwild			Damwild			Rehe														
		Hirsche	Weibliches Wild	Kälber	Elchdecken eingegangener Stücke	Hirsche	Weibliches Wild	Kälber	Hirsche	Weibliches Wild	Kälber	Böcke	Ricken	Kälber	Schwarzwild	Auerwild	Birkwild	Fasanen	Haselwild	Wildschwäne	Hasen	Rebhühner	Moorhühner	Enten	Gänse	Schnepfen
1.	2.	3.	4.	5.	6.	7.	8.	9.	10.	11.	12.	13.	14.	15.	16.	17.	18.	19.	20.	21.	22.	23.	24.	25.	26.	27.
1	Königsberg	14	19	.	3	12 *2*	12	6	18	69	40	362 *4*	226 *1*	.	13	.	1	4	41	.	2821	109	.	.	.	.
2	Gumbinnen	8	2	. *1*	5	57 *1*	139	120	15	12	12	505	350	97	92	1	14	3	28	.	1820	57	.	.	.	.
3	Allenstein	.	.	.	.	29	95	41	3	5	1	531 *1*	521 *3*	179	23	.	27	4	26	5	2487	83	.	.	.	.
4	Danzig	.	.	.	.	1	.	.	.	3	2	265 *2*	186 *1*	.	28	31	2	8	37	.	1100	84	.	32	.	.
5	Marienwerder	.	.	.	.	74	177	33	51 *2*	121	33	615 *4*	498 *3*	24	34	14	11	87	.	.	3563	221	.	.	.	.
6	Potsdam	.	.	.	.	289 *2*	459 *1*	297 *1*	692 *3*	842	526	468	671 *1*	25	257	.	20	165	.	.	2595	284	.	64	4	2
7	Frankfurt a. O.	.	.	.	.	152 *5*	324 *2*	137	.	.	.	472 *3*	695 *1*	213	257	6	6	39	.	.	2961	205	.	.	.	.
8	Stettin	.	.	.	.	158	317	79	10	9	11	263 *2*	323 *1*	.	106	.	.	70	.	.	2499	284	.	.	.	.
9	Köslin	.	.	.	.	54 *2*	97	26	.	.	.	180	155 *1*	2	153	3	.	11	.	.	1879	64	.	.	.	.
10	Stralsund	.	.	.	.	59	122	90	13	23	19	115	117	52	131	.	.	16	.	.	328	30	.	.	.	.
11	Posen	.	.	.	.	46 *6*	83 *4*	36	3	7	2	246 *10*	226 *10*	1 *5*	36	.	16	186	1	.	4537 *7*	220 *1*	.	.	.	.
12	Bromberg	.	.	.	.	17 *2*	16	3 *2*	8	17	6	339 *3*	312 *3*	27	35	1	1	103	.	.	6100 *1*	470	.	.	.	.
13	Breslau	.	.	.	.	65 *2*	122	46	13	8	5	254 *4*	205 *10*	13 *1*	7	2	1	158	.	.	2394	43	.	.	.	.
14	Liegnitz	.	.	.	.	6	4	1	4	13	5	76	66	.	16	2	9	1	.	.	36	.	.	.	.	.
15	Oppeln	.	.	.	.	65	92	42	1	1	1	301 *3*	187 *2*	18	20	.	.	127	.	.	1393	22	.	.	.	.
16	Magdeburg	.	.	.	.	75	110 *1*	52	62	399	149	254	271	124	218	.	.	451	.	.	1912 *1*	261	.	.	.	12
17	Merseburg	.	.	.	.	121 *2*	206 *1*	110	3	6	5	316	390 *1*	6	21	6	4	585	.	.	3864	421	.	.	.	.
18	Erfurt	.	.	.	.	42 *2*	67	26	.	.	.	119	118	2	.	4	.	.	.	.	655	3	.	.	.	.
19	Schleswig	.	.	.	.	21	28	13	19	34	11	179 *1*	271	1	.	.	2	122	.	.	2255	162	.	1	.	8
20	Hannover	.	.	.	.	16	19	7	47	62	16	154	106	.	592	.	.	29	.	.	571	29	.	.	.	.
21	Hildesheim	.	.	.	.	357 *1*	363 *1*	277	.	1	.	330	219 *1*	7	112	.	.	17	.	.	760	16	.	.	.	.
22	Lüneburg	.	.	.	.	48	94	21	.	.	.	278 *4*	175 *5*	1 *2*	56	.	27	30	.	.	1270	83	.	.	.	.
23	Stade	.	.	.	.	.	.	.	.	.	.	110	81	4	1	.	22	.	.	.	694	46	.	.	.	.
24	Osnabrück (m. Aurich)	.	.	.	.	.	.	.	.	.	.	42	5	.	3	.	7	4	.	.	105	30	.	.	.	.
25	Minden (m. Münster)	.	.	.	.	20	40	13	1	.	.	164	86	12	17	.	6	171	1	.	1573	291	.	.	.	.
26	Arnsberg	.	.	.	.	11 *1*	37	18	.	.	.	77	43	.	15	3	4	5	3	.	95	3	.	.	.	.
27	Cassel	.	.	.	.	183 *2*	184	90 *2*	.	.	.	1015 *1*	617 *4*	10 *1*	194	75	2	56	1	.	1859	73	.	.	.	.
28	Wiesbaden	.	.	.	.	30	44	15	.	.	.	284 *1*	214	.	21	2	.	9	11	.	559	12	.	.	.	.
29	Coblenz	.	.	.	.	24 *1*	37 *1*	19 *1*	.	.	.	137	82	.	37	.	1	15	22	.	366	21	.	.	.	.
30	Düsseldorf	.	.	.	.	23 *2*	33 *2*	15 *1*	.	.	.	73 *2*	9 *2*	1	.	.	3	31	.	.	195	22	.	.	.	.
31	Cöln	.	.	.	.	7	10 *1*	1	5	9	8	36 *2*	19	.	3	.	.	.	.	.	.	.	.	.	.	.
32	Trier	.	.	.	.	80 *1*	73	71	.	.	.	255 *2*	91 *8*	1	119	.	4	1	17	.	659	31	.	.	.	.
33	Aachen	.	.	.	.	25	147	36	.	.	.	102	28 *1*	.	29	.	7	41	6	.	424	19	2	.	.	.
	Summe	22	21	. *1*	8	2167 *34*	3551 *14*	1741 *7*	968 *5*	1641	852	8917 *49*	7563 *59*	820 *9*	2646	150	197	2549	194	5	54329 *9*	3699 *1*	2	97	4	22

bei der Staatsforstverwaltung für das Etatsjahr 1910.

5 bis 23 geben das Fallwild an).

Einnahmen.						Ausgaben.								
Für das durch Verwaltungsbeschuß erlegte Wild sind zur Forstkasse gezahlt		Durch Verpachtung sind aufgekommen		Zusammen		Für angepachtete Jagden sind verausgabt		Sonstige Jagdverwaltungskosten, soweit sie nicht vom Oberförster zu bestreiten sind		Zusammen		Reinertrag (Die schrägen Zahlen sind Minuszahlen)		Regierungsbezirk
M.	Pf.	M.	Pf.	M.	Pf.	M.	Pf.	M.	Pf.	M.	Pf.	M.	Pf.	
28.		29.		30.		31.		32.		33.		34.		
12 857	73	6 174	19	19 031	92	1 119	02	4 351	21	5 470	23	13 561	69	Königsberg.
17 984	60	1 408	54	19 393	14	5 816	30	24 407	74	30 224	04	*10 830*	*90*	Gumbinnen.
18 394	19	3 268	53	21 662	72	721	30	1 635	25	2 356	55	19 306	17	Allenstein.
5 834	88	4 034	83	9 869	71	118	10	358	55	476	65	9 393	06	Danzig.
24 722	50	4 241	91	28 964	41	2 636	20	5 143	28	7 779	48	21 184	93	Marienwerder.
69 969	55	10 973	55	80 943	10	4 258	88	4 817	93	9 076	81	71 866	29	Potsdam.
31 416	42	3 016	53	34 432	95	2 479	36	6 951	68	9 431	04	25 001	91	Frankfurt a. O.
23 649	23	4 287	84	27 937	07	794	07	215	41	1 009	48	26 927	59	Stettin.
10 074	55	1 097	99	11 172	54	249	10	116	43	365	53	10 807	01	Köslin.
10 600	80	710	72	11 311	52	35	.	244	28	279	28	11 032	24	Stralsund.
15 781	22	4 344	69	20 125	91	984	31	3 173	62	4 157	93	15 967	98	Posen.
15 701	51	1 984	49	17 686	.	174	92	14	.	188	92	17 497	08	Bromberg.
14 532	70	6 931	83	21 464	53	517	67	1 388	78	1 906	45	19 558	08	Breslau.
2 162	10	1 641	34	3 803	44	40	39	111	93	152	32	3 651	12	Liegnitz.
11 897	02	3 711	70	15 608	72	221	.	984	81	1 205	81	14 402	91	Oppeln.
24 381	70	6 884	76	31 266	46	1 227	24	14 914	21	16 141	45	15 125	01	Magdeburg.
25 178	80	6 801	65	31 980	45	1 188	50	682	42	1 870	92	30 109	53	Merseburg.
6 916	45	1 796	85	8 713	30	1 461	77	1 223	56	2 685	33	6 027	97	Erfurt.
9 818	47	8 930	96	18 749	43	.	.	54	.	54	.	18 695	43	Schleswig.
15 765	90	2 312	86	18 078	76	15	95	120	41	136	36	17 942	40	Hannover.
34 277	83	1 287	20	35 565	03	488	79	14 596	81	15 085	60	20 479	43	Hildesheim.
11 081	70	5 922	48	17 004	18	294	94	340	47	635	41	16 368	77	Lüneburg.
2 765	70	1 692	24	4 457	94	.	.	.	.	.	.	4 457	94	Stade.
794	.	666	97	1 460	97	.	.	.	.	.	.	1 460	97	Osnabrück (mit Aurich).
7 423	60	4 345	77	11 769	37	5 286	73	1 358	38	6 645	11	5 124	26	Minden (mit Münster).
3 273	10	3 436	40	6 709	50	80	15	189	52	269	67	6 439	83	Arnsberg.
32 803	25	13 186	47	45 989	72	2 587	34	4 584	78	7 172	12	38 817	60	Cassel.
8 298	15	12 339	35	20 637	50	1 769	97	99	75	1 869	72	18 767	78	Wiesbaden.
5 122	05	8 311	76	13 433	81	160	11	216	94	377	05	13 056	76	Coblenz.
3 050	50	12 700	05	15 750	55	261	45	.	.	261	45	15 489	10	Düsseldorf.
1 390	60	19 437	62	20 828	22	195	41	.	.	195	41	20 632	81	Cöln.
10 794	.	6 391	07	17 185	07	475	73	2 867	77	3 343	50	13 841	57	Trier.
7 678	80	6 761	66	14 440	46	727	79	2 203	54	2 931	33	11 509	13	Aachen.
496 393	60	181 034	80	677 428	40	36 387	49	97 367	46	133 754	95	543 673	45	Summe

Tabelle

Übersicht des Holzmassenertrages der Staatsforsten im

Nr.	Regierungsbezirk	Flächeninhalt: a. Holzboden	b. Nichtholzboden	zusammen (a + b)	Fällungs-Ergebnis und Nutzholz-: Derbholz: Bau- und Nutzholz	Brennholz	Summe (Sp. 4 + 5)	mithin für 1 ha der Holzbodenfläche (Sp. 1)	Nicht-Derbholz: Reisholz: Nutzholz	Brennholz	Summe (Sp. 8 + 9)	Stockholz
		Hektare			Festmeter				Festmeter			
		1.	2.	3.	4.	5.	6.	7.	8.	9.	10.	11.
1	Königsberg	100 600	35 840	136 440	1 838 200	461 886	2 300 086	22,86	1 609	55 805	57 414	8 333
2	Gumbinnen . . .	125 540	36 314	161 854	1 025 780	413 146	1 438 926	11,46	1 200	71 135	72 335	7 085
3	Allenstein	185 535	41 761	227 296	623 321	236 433	859 754	4,63	864	82 234	83 098	8 174
4	Danzig	123 269	16 407	139 676	188 274	146 554	334 828	2,72	3 795	70 164	73 959	6 531
5	Marienwerder . . .	246 594	32 735	279 329	548 830	287 311	836 141	3,39	2 398	167 343	169 741	21 891
6	Potsdam	205 445	21 697	227 142	520 608	337 502	858 110	4,18	1 399	85 106	86 505	29 314
7	Frankfurt a. O. . .	190 126	16 104	206 230	637 764	205 899	843 663	4,44	343	79 008	79 351	20 091
8	Stettin	106 993	12 120	119 113	286 506	211 129	497 635	4,65	849	43 726	44 575	8 509
9	Köslin	74 817	7 716	82 533	77 132	105 353	182 485	2,44	102	45 240	45 342	419
10	Stralsund	25 631	3 180	28 811	50 260	41 679	91 939	3,59	341	22 096	22 437	406
11	Posen	96 232	10 279	106 511	194 340	82 268	276 608	2,87	2 819	70 472	73 291	17 025
12	Bromberg	129 243	12 927	142 170	257 753	150 989	408 742	3,16	1 251	95 949	97 200	15 879
13	Breslau	58 479	5 177	63 656	363 022	124 362	487 384	8,33	10 833	23 260	34 093	9 278
14	Liegnitz	22 236	1 411	23 647	95 292	19 367	114 659	5,16	727	9 033	9 760	2 830
15	Oppeln	73 230	4 488	77 718	359 088	84 810	443 898	6,06	2 503	16 394	18 897	8 726
16	Magdeburg	63 232	6 138	69 370	109 816	70 240	180 056	2,85	281	58 412	58 693	5 825
17	Merseburg	71 734	6 951	78 685	212 592	108 817	321 409	4,48	1 326	51 501	52 827	6 465
18	Erfurt	37 427	1 360	38 787	146 861	76 061	222 922	5,96	3 984	31 907	35 891	5 821
19	Schleswig	37 691	6 961	44 652	84 327	75 411	159 738	4,24	650	37 854	38 504	204
20	Hannover	27 366	3 170	30 536	73 658	37 080	110 738	4,05	693	22 526	23 219	212
21	Hildesheim	99 882	4 316	104 198	311 571	233 032	544 603	5,45	3 352	71 850	75 202	9 228
22	Lüneburg	75 400	8 086	83 486	136 391	55 157	191 548	2,54	4 116	49 467	53 583	819
23	Stade	17 382	3 762	21 144	35 317	13 592	48 909	2,81	518	11 590	12 108	53
24	Osnabrück mit Aurich	13 679	2 562	16 241	29 554	6 971	36 525	2,67	312	10 917	11 229	.
25	Minden mit Münster	34 714	1 531	36 245	118 607	94 977	213 584	6,15	2 381	38 852	41 233	344
26	Arnsberg	23 735	870	24 605	82 036	41 219	123 255	5,19	2 527	10 830	13 357	2
27	Cassel	201 094	7 005	208 099	316 121	378 672	694 793	3,46	5 929	257 847	263 776	6 444
28	Wiesbaden	51 749	1 685	53 434	69 120	136 192	205 312	3,97	2 092	64 513	66 605	522
99	Coblenz	29 731	895	30 626	55 779	56 921	112 700	3,79	1 740	32 824	34 564	289
30	Düsseldorf	16 909	2 151	19 060	48 694	10 124	58 818	3,48	2 227	19 925	22 152	1 151
31	Cöln	13 709	1 002	14 711	35 061	8 796	43 857	3,20	665	11 186	11 851	2
32	Trier	64 090	2 176	66 266	147 083	146 809	293 892	4,59	3 403	43 512	46 915	38
33	Aachen	33 703	1 201	34 904	94 374	30 424	124 798	3,70	2 934	17 672	20 606	.
	Zusammen	2 677 197	319 978	2 997 175	9 173 132	4 489 183	13 662 315	5,10	70 163	1 780 150	1 850 313	201 910

37 c.

Wirtschaftsjahre 1. Oktober 1909/1910 (Etatsjahr 1910).

prozent im ganzen						Ausscheidung des Nutzderbholzes nach den Hauptholzarten											
Gesamte Holzmasse				Nutzholzprozent		Laubholz									Nadelholz		
									hierunter								
									Eichen			Rotbuchen					
Bau- und Nutzholz (Sp. 4 + 8)	Brennholz (Sp. 5 + 9 + 11)	Summe (Sp. 12 + 13)	mithin für 1 ha der Holzbodenfläche (Sp. 1)	von der Derbholzmasse 4 : 6	von der gesamten Holzmasse 12 : 14	Gesamt-Anfall an (Laubholz-) Derbholz	hiervon Nutzholz	Nutzholzprozent	Anfall an Derbholz	hiervon Nutzholz	Nutzholzprozent	Anfall an Derbholz	hiervon Nutzholz	Nutzholzprozent	Gesamt-Anfall an (Nadelholz-) Derbholz	hiervon Nutzholz	Nutzholzprozent
Festmeter				%		Festmeter		%	Festmeter		%	Festmeter		%	Festmeter		%
12.	13.	14.	15.	16.	17.	18.	19.	20.	21.	22.	23.	24.	25.	26.	27.	28.	29.
1 839 809	526 024	2 365 833	23,52	80	78	72 598	10 539	15	7 875	5 732	73	7 908	2 955	37	2 227 488	1 827 661	82
1 026 980	491 366	1 518 346	12,09	71	68	68 495	5 232	8	2 017	1 379	68	.	.	.	1 370 431	1 020 548	74
624 185	326 841	951 026	5,13	72	66	58 543	21 432	37	10 451	6 415	61	2 413	906	38	801 211	601 889	75
192 069	223 249	415 318	3,37	56	46	91 819	25 842	28	21 458	12 692	76	47 825	9 788	20	243 009	162 432	67
551 228	476 545	1 027 773	4,17	66	54	53 274	14 732	28	16 417	7 924	48	7 201	1 348	19	782 867	534 098	68
522 007	451 922	973 929	4,74	61	54	98 355	24 266	25	17 134	6 811	40	49 419	12 065	24	759 755	496 342	65
638 107	304 998	943 105	4,96	76	68	78 733	29 944	38	25 577	13 614	53	35 216	11 007	31	764 930	607 820	79
287 355	263 364	550 719	5,15	58	52	120 509	33 140	28	24 414	11 313	46	76 842	17 167	22	377 126	253 366	67
77 234	151 012	228 246	3,05	42	34	85 620	19 210	22	12 363	4 571	37	54 203	10 754	20	96 865	57 922	60
50 601	64 181	114 782	4,48	55	44	46 893	16 678	36	13 025	5 982	46	29 158	9 667	33	45 046	33 582	75
197 159	169 765	366 924	3,81	70	54	26 916	12 345	46	9 572	6 670	70	3 980	1 270	32	249 692	181 995	73
259 004	262 817	521 821	4,04	63	50	18 322	8 826	48	10 363	6 525	63	750	117	16	390 420	248 927	64
373 855	156 900	530 755	9,08	74	70	66 583	29 770	45	30 613	16 110	53	15 765	6 316	40	420 801	333 252	79
96 019	31 230	127 249	5,72	83	75	7 039	3 508	50	3 305	1 829	55	1 106	1 485	48	107 620	91 784	85
361 591	109 930	471 521	6,44	81	77	20 290	8 880	44	8 349	4 130	49	1 875	723	39	423 608	350 208	83
110 097	134 477	244 574	3,87	61	45	76 425	31 108	41	37 384	17 869	48	23 776	8 638	36	103 631	78 708	76
213 918	166 783	380 701	5,31	66	56	67 032	27 677	41	27 620	13 602	49	26 049	8 990	35	254 377	184 915	73
150 845	113 789	264 634	7,07	66	57	69 461	21 325	31	5 477	3 502	64	58 005	16 721	29	153 461	125 536	82
84 977	113 469	198 446	5,27	53	43	105 301	40 718	39	21 585	13 911	65	75 482	23 987	32	54 437	43 609	80
74 351	59 818	134 169	4,90	67	55	57 360	25 470	44	8 353	5 296	63	46 647	19 077	41	53 378	48 188	90
314 923	314 110	629 033	6,30	57	50	246 251	69 517	28	14 287	7 054	49	229 622	61 650	27	298 352	242 054	81
140 507	105 443	245 950	3,26	71	57	52 922	20 068	38	17 741	9 721	55	20 346	6 131	30	138 626	116 323	84
35 835	25 235	61 070	3,51	72	59	16 600	9 405	57	6 848	5 714	83	9 350	3 660	39	32 309	25 912	80
29 866	17 888	47 754	3,49	81	63	8 678	5 124	59	3 191	2 557	80	4 681	2 351	50	27 847	24 430	88
120 988	134 173	255 161	7,35	56	47	162 311	70 819	44	16 107	11 233	70	137 642	59 750	43	51 273	47 788	93
84 563	52 051	136 614	5,76	67	62	72 177	32 285	45	11 289	8 884	79	60 260	23 037	38	51 078	49 751	97
322 050	642 963	965 013	4,80	45	33	428 359	104 086	24	59 387	26 676	45	352 516	73 346	21	266 434	212 035	80
71 212	201 227	272 439	5,26	34	26	157 131	29 015	18	19 120	8 811	46	135 714	19 837	15	48 181	40 105	83
57 519	90 034	147 553	4,96	49	39	69 863	16 162	23	18 057	9 339	52	49 707	6 375	13	42 837	39 617	92
50 921	31 200	82 121	4,86	83	62	22 540	14 530	64	12 627	9 266	73	7 205	3 568	50	36 278	34 164	94
35 726	19 984	55 710	4,06	80	64	24 995	16 795	67	11 158	8 973	80	12 277	6 454	53	18 862	18 266	97
150 486	190 359	340 845	5,32	50	44	219 744	76 782	35	49 968	33 736	68	165 409	41 566	25	74 148	70 301	95
97 308	48 096	145 404	4,31	76	67	49 062	21 229	43	15 058	9 648	64	31 153	10 488	34	75 736	73 145	97
9 243 295	6 471 243	15 714 538	5,87	67	59	2 820 201	896 459	32	568 190	317 489	56	1 781 502	481 194	27	10 842 114	8 276 673	76

Tabelle

Nachweisung der Altersklassen des Hochwaldes und der in der I. Periode zu nutzenden Flächen sowie der

Laufende Nummer	Regierungsbezirk	Hochwald – Eichen – Altersklasse I. über 120 jährige Bestände ha	d	II. 101—120 ha	d	III. 81—100 ha	d	IV. 61—80 ha	d	V. 41—60 ha	d	VI. 21—40 ha	d	1—20 ha	d	Blößen, Räumden usw. ha	d	Summe (Spalten 3—10) ha	d
1.	2.	3.		4.		5.		6.		7.		8.		9.		10.		11.	
1	Königsberg	721	2	225	5	59	1	18	6	110	6	554	8	622	2	6	6	2 318	6
2	Gumbinnen	.	.	149	6	79	4	65	.	137	8	300	2	1 314	8	32	6	2 079	4
3	Allenstein	33	4	698	8	7	4	10	9	16	1	148	5	319	5	35	3	1 269	9
4	Danzig	442	8	485	9	490	.	293	7	118	1	151	4	136	8	.	.	2 118	7
5	Marienwerder	729	4	162	2	88	5	60	6	504	2	567	2	716	.	7	5	2 835	6
6	Potsdam	45	2	1 180	8	333	6	255	6	842	7	1 298	5	1 921	1	269	4	6 146	9
7	Frankfurt a. O.	2 061	7	146	3	203	8	739	4	807	3	600	1	1 405	9	11	4	5 975	9
8	Stettin	1 053	1	157	8	121	2	211	8	890	4	512	3	394	2	54	2	3 395	.
9	Köslin	598	5	698	7	478	4	308	2	233	6	470	7	414	4	16	.	3 218	5
10	Stralsund	972	8	572	8	240	1	372	8	1 018	9	1 011	7	492	1	40	2	4 721	4
11	Posen	302	5	352	5	82	9	132	3	229	2	607	3	754	1	73	.	2 533	8
12	Bromberg	594	3	157	8	27	2	145	5	248	6	703	1	765	3	63	8	2 705	6
13	Breslau	1 728	6	498	.	632	5	289	1	1 081	3	1 421	7	1 538	2	118	9	7 308	3
14	Liegnitz	192	1	121	9	95	7	141	3	360	.	256	1	392	8	70	6	1 630	5
15	Oppeln	210	7	160	7	33	.	63	.	261	6	467	6	295	5	21	1	1 513	2
16	Magdeburg	2 120	1	761	7	1 200	.	1 973	5	1 803	8	1 533	7	1 674	2	1 278	1	12 345	1
17	Merseburg	2 810	6	656	6	825	3	629	.	529	1	1 353	6	1 988	3	25	.	8 817	5
18	Erfurt	423	9	184	1	275	9	306	4	153	3	72	6	248	7	28	9	1 693	8
19	Schleswig	482	.	403	9	586	5	339	.	175	6	286	2	567	7	31	1	2 872	.
20	Hannover	602	6	348	8	420	8	366	.	493	5	533	6	591	5	24	8	3 381	6
21	Hildesheim	1 067	6	578	9	462	7	862	.	1 204	5	669	3	703	1	115	5	5 663	6
22	Lüneburg	813	2	310	5	524	3	760	1	1 033	2	1 127	6	2 159	8	138	.	6 866	7
23	Stade	334	6	146	1	243	4	435	8	603	6	435	9	314	3	2	7	2 516	4
24	Osnabrück (mit Aurich)	.	.	71	4	44	3	164	8	260	2	253	3	89	6	3	7	887	3
25	Minden (mit Münster)	548	7	282	9	279	3	693	3	620	5	812	4	1 700	.	302	7	5 239	8
26	Arnsberg	310	5	40	5	204	5	555	3	458	8	334	9	409	1	34	2	2 347	8
27	Cassel	1 583	2	2 110	7	3 454	5	3 032	6	1 822	5	2 059	.	2 668	9	538	2	17 269	6
28	Wiesbaden	81	7	483	2	632	9	636	5	739	7	1 256	4	1 367	9	3	7	5 202	.
29	Coblenz	187	2	669	.	813	4	695	6	371	4	948	6	612	8	23	3	4 321	3
30	Düsseldorf	708	8	484	6	797	7	624	9	778	9	729	4	797	7	20	1	4 942	1
31	Cöln	246	9	301	4	543	4	969	7	880	4	642	4	322	2	24	4	3 930	8
32	Trier	72	3	1 111	8	1 233	6	1 438	7	1 108	9	2 244	6	2 531	2	64	7	9 805	8
33	Aachen	207	.	1 261	2	465	9	333	8	553	4	930	.	660	1	63	2	4 474	6
	Zusammen	22 287	2	15 976	6	15 981	2	17 924	8	20 451	7	25 294	7	30 890	.	3 542	9	152 349	1

37 g.

Flächen der Plenter-, Mittel- und Niederwaldungen nach den am 1. April 1911 gültigen Betriebsplänen.

Noch: Hochwald — Buchen (Eschen, Rüstern, Ahorn usw.) — Altersklasse I. über 120 jährige Bestände ha	d	II. 101—120 ha	d	III. 81—100 ha	d	IV. 61—80 ha	d	V. 41—60 ha	d	VI. 21—40 ha	d	1—20 ha	d	Blößen, Räumden usw. ha	d	Summe (Spalten 12—19) ha	d	Regierungsbezirk
12.		13.		14.		15.		16.		17.		18.		19.		20.		
811	9	1 201	4	1 310	2	1 211	8	622	2	593	3	840	7	1	2	6 592	7	Königsberg.
.	.	273	4	1 022	8	560	9	210	2	164	5	361	1	.	1	2 593	.	Gumbinnen.
.	.	338	1	296	7	74	2	73	1	147	9	171	3	.	.	1 101	3	Allenstein.
385	2	3 048	3	3 505	7	2 945	8	1 937	6	1 203	4	550	6	53	.	13 629	6	Danzig.
92	1	201	1	298	8	195	.	279	8	250	.	121	.	.	.	1 437	8	Marienwerder.
70	7	2 094	3	1 535	2	1 498	.	1 327	8	885	8	377	2	22	2	7 811	2	Potsdam.
1 470	7	489	.	215	6	567	8	741	2	607	2	175	2	.	4	4 267	1	Frankfurt a. O
2 266	4	814	4	1 716	5	2 334	7	2 135	3	1 835	1	1 120	2	3	2	12 225	8	Stettin.
1 237	1	2 196	.	1 373	4	1 243	9	1 026	1	957	7	562	5	31	6	8 628	3	Köslin.
1 192	7	383	.	247	8	1 120	9	989	3	979	.	816	6	19	8	5 749	1	Stralsund.
97	8	77	1	41	3	82	6	201	7	155	.	151	7	26	1	833	3	Posen.
10	2	6	3	.	.	1	7	22	6	122	9	36	1	.	.	199	8	Bromberg.
172	8	345	5	102	3	256	2	326	6	302	9	76	.	.	.	1 582	3	Breslau.
.	.	4	2	8	3	17	9	53	7	7	4	2	9	.	.	94	4	Liegnitz.
.	.	.	2	.	5	3	7	1	1	2	4	43	4	.	.	51	3	Oppeln.
543	6	440	2	951	.	1 090	8	1 023	3	556	2	425	6	3	3	5 034	.	Magdeburg.
584	.	853	3	1 830	2	997	9	506	5	314	2	167	4	.	.	5 253	5	Merseburg.
881	1	1 612	1	2 438	9	2 417	5	1 779	3	1 184	4	615	8	51	8	10 980	9	Erfurt.
1 906	2	1 159	1	2 282	4	1 896	7	1 324	9	1 364	8	1 368	.	8	6	11 310	7	Schleswig.
693	4	1 440	3	1 367	4	1 389	5	1 597	8	1 093	4	630	.	9	9	8 221	7	Hannover.
2 005	7	6 172	8	8 001	2	7 720	4	6 100	9	6 501	5	3 215	.	49	5	39 767	.	Hildesheim.
765	8	711	6	594	7	460	4	624	5	733	5	558	4	27	6	4 476	5	Lüneburg.
214	2	340	6	147	5	165	7	211	4	208	9	82	2	.	3	1 370	8	Stade.
.	.	142	5	80	1	215	.	100	8	94	1	117	6	2	7	752	8	Osnabrück (mit Aurich).
1 251	.	2 748	9	4 593	1	3 508	8	2 919	4	1 960	4	1 258	4	29	6	18 269	6	Minden (mit Münster).
798	2	2 281	1	1 975	5	2 273	.	1 602	3	598	7	356	9	3	9	9 889	6	Arnsberg.
3 811	1	14 235	5	20 065	4	17 870	1	14 328	9	8 911	1	4 753	7	285	5	84 261	3	Cassel.
314	8	7 945	9	5 956	.	8 016	6	5 475	5	4 140	2	2 531	6	27	3	34 407	9	Wiesbaden.
738	3	1 765	1	2 575	9	2 093	3	997	2	1 364	4	481	4	3	9	10 019	5	Coblenz.
125	7	330	6	491	6	254	7	154	1	104	3	34	3	.	9	1 496	2	Düsseldorf.
322	9	311	2	328	2	639	9	586	5	252	9	84	5	.	.	2 526	1	Cöln.
263	6	7 056	9	7 415	5	6 779	9	5 079	8	2 817	9	2 885	7	6	.	32 305	3	Trier.
533	8	1 496	1	753	9	1 028	8	714	7	558	9	375	.	3	4	5 464	6	Aachen.
23 561	.	62 516	1	73 523	6	70 934	1	55 076	1	40 974	3	25 348	.	671	8	352 605	.	Zusammen

Laufende Nummer	Regierungsbezirk	Noch: Hochwald — Anderes Laubholz — I. — Altersklasse über 120 jährige Bestände		II. 101—120		III. 81—100		IV. 61—80		V. 41—60		VI. 21—40		1—20		Blößen, Räumden usw		Summe (Spalten 21—28)	
		ha	d	ha	d	ha	d	ha	d	ha	d	ha	d	ha	d	ha	d	ha	d
		21.		22.		23.		24.		25.		26.		27.		28.		29.	
1	Königsberg	.	.	28	.	1 598	4	5 047	1	6 184	7	4 051	4	3 539	9	329	1	20 778	6
2	Gumbinnen	.	.	38	7	832	3	2 824	1	3 616	9	2 076	.	2 311	4	327	5	12 026	9
3	Allenstein	.	.	10	2	202	6	1 032	7	2 052	5	1 080	7	1 263	2	119	7	5 761	6
4	Danzig	.	.	.	.	30	4	106	4	118	3	147	6	165	.	4	5	572	2
5	Marienwerder	.	.	.	.	32	5	152	4	268	8	591	.	438	9	195	.	1 678	6
6	Potsdam	.	.	179	4	546	5	990	5	2 112	9	1 620	4	1 011	5	990	.	7 451	2
7	Frankfurt a. O.	1	9	4	4	74	4	418	6	960	9	892	3	866	7	176	5	3 395	7
8	Stettin	.	.	13	3	87	3	444	3	857	1	1 638	3	1 370	1	36	9	4 447	3
9	Köslin	.	.	.	.	157	7	438	2	530	3	408	4	234	4	26	6	1 795	6
10	Stralsund	.	.	7	.	7	.	110	5	411	.	480	1	680	2	187	7	1 883	5
11	Posen	4	.	4	3	17	3	143	8	485	3	766	6	605	8	64	5	2 091	6
12	Bromberg	.	.	10	8	58	3	80	1	286	5	369	4	236	9	10	8	1 052	8
13	Breslau	1	1	13	8	312	4	253	9	297	9	288	3	530	1	121	8	1 819	3
14	Liegnitz	.	.	.	.	.	.	6	7	17	9	6	9	31	6	7	9	71	.
15	Oppeln	.	.	13	5	20	.	26	9	20	9	26	3	96	2	2	4	206	2
16	Magdeburg	.	.	.	.	117	4	419	7	340	9	625	4	450	7	359	6	2 313	7
17	Merseburg	.	.	.	.	31	7	246	6	394	2	348	6	167	.	25	9	1 214	.
18	Erfurt	.	.	.	.	1	1	4	2	2	5	5	4	10	9	2	6	26	7
19	Schleswig	.	.	2	4	1	4	27	4	173	3	146	7	265	4	2	5	619	1
20	Hannover	.	.	6	9	24	5	68	3	88	4	63	6	81	9	48	7	382	3
21	Hildesheim	.	.	.	.	12	.	5	5	85	7	47	6	41	7	15	8	208	3
22	Lüneburg	.	.	.	.	1	3	413	8	898	6	1 117	5	578	5	145	1	3 154	8
23	Stade	.	.	.	.	.	3	16	5	12	6	52	9	23	4	.	.	105	7
24	Osnabrück (mit Aurich)	.	.	.	.	.	.	11	7	21	7	2	7	2	2	.	4	38	7
25	Minden (mit Münster)	.	.	.	.	.	.	50	4	15	.	127	6	149	.	2	6	344	6
26	Arnsberg	.	.	.	.	.	.	.	.	.	4	5	7	6	2	3	4	15	7
27	Cassel	2	1	14	1	37	4	175	.	141	3	57	8	78	5	156	9	663	1
28	Wiesbaden	.	.	.	.	.	4	3	4	50	3	51	8	135	1	2	4	243	4
29	Coblenz	.	.	.	.	24	8	177	7	63	9	19	1	9	5	4	.	299	.
30	Düsseldorf	.	.	.	.	.	.	52	2	50	2	140	.	46	9	2	8	292	1
31	Cöln	.	.	.	.	.	8	11	.	9	3	21	7	25	9	.	.	68	7
32	Trier	.	.	.	.	71	3	438	7	540	7	112	3	11	8	151	5	1 326	3
33	Aachen	.	.	.	.	.	.	36	.	174	7	163	1	58	5	8	6	440	9
	Zusammen	9	1	346	8	4 301	5	14 234	3	21 285	6	17 553	2	15 525	.	3 533	7	76 789	2

37 g

Noch: Hochwald – Nadelholz – Altersklasse I. über 120 jährige Bestände ha	d	II. 101—120 ha	d	III. 81—100 ha	d	IV. 61—80 ha	d	V. 41—60 ha	d	VI. 21—40 ha	d	1—20 ha	d	Blößen, Räumden usw. ha	d	Summe (Spalten 30—37) ha	d	Summe des Hochwaldes (Spalten 11, 20, 29 und 38) ha	d	Regierungsbezirk
30.		31.		32.		33.		34.		35.		36.		37.		38.		39.		
2 291	9	4 815	4	8 961	7	9 981	8	12 253	5	14 494	5	5 905	5	777	4	59 481	7	89 171	6	Königsberg.
790	6	8 389	8	10 869	4	14 543	2	19 761	1	24 952	5	13 506	1	1 630	3	94 443	.	111 142	3	Gumbinnen.
3 554	1	44 781	5	25 968	2	13 889	4	20 839	5	18 668	7	25 017	7	2 681	5	155 400	6	163 533	4	Allenstein.
1 219	4	6 898	8	10 167	7	10 091	4	19 424	.	22 673	7	23 344	7	7 471	4	101 291	1	117 611	6	Danzig.
3 481	9	35 650	8	29 434	9	24 526	5	34 825	4	40 759	7	46 761	9	22 120	9	237 562	.	243 514	.	Marienwerder.
1 930	.	33 147	4	20 717	9	28 025	1	33 035	7	27 801	8	22 787	4	1 725	.	169 170	3	190 579	6	Potsdam.
19 088	6	15 569	7	18 233	8	26 816	6	30 917	5	25 871	5	31 641	1	2 903	7	171 042	5	184 681	2	Frankfurt a. O.
8 686	.	10 342	4	8 949	4	12 448	2	13 974	4	11 935	7	16 815	7	1 668	.	84 819	8	104 887	9	Stettin.
1 248	6	3 633	.	2 936	8	6 181	4	8 853	7	11 701	6	11 199	5	2 613	3	48 367	9	62 010	3	Köslin.
766	7	405	1	1 455	9	2 643	1	2 949	5	2 030	8	2 081	6	604	4	12 937	1	25 291	1	Stralsund.
3 119	9	8 167	3	6 678	6	8 361	3	17 417	3	20 949	7	21 245	2	4 140	6	90 079	9	95 538	6	Posen.
5 776	1	14 092	.	11 191	7	13 731	4	24 699	1	21 834	9	23 925	8	4 442	.	119 693	.	123 651	2	Bromberg.
1 044	7	6 289	4	7 844	4	8 898	4	7 219	5	6 975	7	7 237	.	746	.	46 255	1	56 965	.	Breslau.
233	2	1 676	5	3 446	.	2 979	6	3 586	1	3 540	3	4 081	7	571	1	20 114	5	21 910	4	Liegnitz.
3 910	8	8 937	3	11 449	7	14 090	3	11 973	4	9 208	5	11 032	9	725	6	71 328	5	73 099	2	Oppeln.
686	2	1 609	5	2 212	8	6 578	5	8 423	2	7 423	9	7 697	.	7 810	2	42 441	3	62 134	1	Magdeburg.
427	3	2 931	6	9 074	5	11 809	.	11 483	3	9 506	3	9 475	8	717	2	55 425	.	70 710	.	Merseburg.
95	5	2 557	7	4 040	5	5 063	9	4 605	9	4 338	7	3328	4	385	7	24 416	3	37 117	7	Erfurt.
.	.	21	4	436	1	793	5	2 286	1	6 837	6	7 758	.	2 252	7	20 385	4	35 187	2	Schleswig.
.	.	110	5	613	7	2 264	.	4 896	9	4 294	4	2 283	9	132	9	14 596	3	26 581	9	Hannover.
593	3	1 541	.	6 257	1	9 882	8	12 729	2	11 786	6	7 606	9	2 137	3	52 534	2	98 173	1	Hildesheim.
430	4	1 183	8	2 126	3	4 625	3	14 286	8	22 746	7	11 223	5	2 606	4	59 229	2	73 727	2	Lüneburg.
12	1	20	7	135	3	1 996	9	3 637	3	4 098	7	2 487	3	583	3	12 971	6	16 964	5	Stade.
.	.	1	2	75	6	1 133	9	3 070	.	4 784	7	2 542	8	231	.	11 839	2	13 518	.	Osnabrück (m. Aurich).
.	.	6	2	152	3	1 399	4	3 497	6	3 189	6	2 895	1	344	3	11 484	5	35 338	5	Minden (mit Münster).
.	.	13	8	154	1	805	6	1 509	2	2 220	.	1 697	7	142	2	6 542	6	18 795	7	Arnsberg.
7	8	366	3	1 972	1	15 084	4	26 770	9	23 058	1	26 162	5	3 150	8	96 572	9	198 766	9	Cassel.
14	2	125	8	471	5	1 699	.	2 908	4	2 137	6	3 039	6	234	4	10 630	5	50 483	8	Wiesbaden.
.	.	1	3	79	.	1 413	9	2 968	2	2 473	4	3 850	7	301	2	11 087	7	25 727	5	Coblenz.
.	.	36	7	346	8	1 795	9	2 382	9	1 230	2	2 658	.	1 080	1	9 530	6	16 261	.	Düsseldorf.
.	2	.	.	51	1	392	3	1 391	7	1 666	7	1 554	1	208	.	5 264	1	11 789	7	Cöln.
.	.	32	2	123	6	1 330	8	5 412	8	5 333	4	5 408	3	533	2	18 174	3	61 611	7	Trier.
.	.	.	.	62	9	1 602	9	4 534	5	4 687	7	6 859	9	1 490	4	19 238	3	29 618	4	Aachen.
59 409	5	213 356	1	206 691	4	266 879	7	378 524	6	385 213	9	375 113	3	79 162	5	1 964 351	.	2 546 094	3	Zusammen

Zu Tabelle 37g.

Laufende Nummer	Regierungsbezirk	Für die I. Periode des Hochwaldes beträgt die Nutzungsfläche: normale		wirkliche		wirkliche mehr als die normale		wirkliche weniger als die normale		In Hochwald umzuwandelnder Niederwald nimmt ein		ist in der I. Periode zu nutzen auf		Plenterwald		Mittelwald		Niederwald		Gesamte Holzbodenfläche (Spalten 39, 44, 46—48)	
		ha	d	ha	d	ha	d	ha	d	ha	d	ha	d	ha	d	ha	d	ha	d	ha	d
		40.		41.		42.		43.		44.		45.		46.		47.		48.		49.	
1	Königsberg	18 128	9	18 802	9	674	.	.	.	.	.	.	.	1 036	.	.	.	20	8	[1]) 90 228	4
2	Gumbinnen	20 821	2	18 687	5	.	.	2 133	7	499	.	.	.	716	8	.	.	10 358	2	122 716	3
3	Allenstein	25 571	3	27 987	1	2 415	8	.	.	.	.	.	.	.	.	.	.	.	.	163 533	4
4	Danzig	19 434	1	16 302	1	.	.	3 132	.	.	.	.	.	2 855	2	.	.	119	2	120 586	.
5	Marienwerder	40 907	7	34 362	3	.	.	6 545	4	.	.	.	.	.	.	.	.	90	7	243 604	7
6	Potsdam	34 163	3	31 992	3	.	.	2 171	.	.	.	.	.	8 082	9	.	.	740	2	199 402	7
7	Frankfurt a. O.	30 738	5	31 793	7	1 055	2	.	.	.	.	.	.	.	.	.	.	2 219	2	186 900	4
8	Stettin	18 572	1	17 682	6	.	.	889	5	.	.	.	.	.	.	.	.	738	3	105 626	2
9	Köslin	10 975	8	8 900	9	.	.	2 074	9	.	.	.	.	.	.	.	.	.	.	62 010	3
10	Stralsund	5 017	5	5 333	3	315	8	.	.	.	.	.	.	54	3	.	.	.	.	25 345	4
11	Posen	15 813	6	12 050	4	.	.	3 763	2	579	4	103	2	68	1	.	.	18	5	96 204	6
12	Bromberg	20 663	9	18 401	3	.	.	2 262	6	.	.	.	.	7	5	.	.	553	2	124 211	9
13	Breslau	9 193	5	9 414	1	220	6	.	.	239	8	156	6	55	.	.	.	1 203	9	58 463	7
14	Liegnitz	4 007	3	3 548	1	.	.	459	2	188	8	6	8	.	.	.	.	78	3	22 177	5
15	Oppeln	12 301	4	12 541	.	239	6	.	.	.	.	.	.	.	.	.	.	22	8	73 122	.
16	Magdeburg	10 480	9	7 206	5	.	.	3 274	4	40	8	.	.	89	7	66	9	946	6	63 278	1
17	Merseburg	12 058	7	11 721	3	.	.	337	4	.	.	.	.	130	6	.	.	118	4	70 959	.
18	Erfurt	6 416	2	6 562	6	146	4	.	.	.	.	.	.	323	3	.	.	.	.	37 441	.
19	Schleswig	7 100	6	4 463	8	.	.	2 636	8	.	.	.	.	1 980	4	.	.	.	.	37 167	6
20	Hannover	5 414	.	5 015	1	.	.	398	9	27	2	27	2	703	6	76		.	.	27 388	7
21	Hildesheim	17 416	9	15 876	7	.	.	1 540	2	.	.	.	.	2 611	5	235	.	82	9	101 102	5
22	Lüneburg	15 373	5	11 357	8	.	.	4 015	7	.	.	.	.	1 240	.	.	.	.	.	74 967	2
23	Stade	3 441	.	2 775	5	.	.	665	5	.	.	.	.	47	7	.	.	.	.	17 012	2
24	Osnabrück (mit Aurich)	3 226	1	1 681	1	.	.	1 545	.	.	.	.	.	96	2	.	.	.	.	13 614	2
25	Minden (mit Münster)	6 759	1	6 492	7	.	.	266	4	.	.	.	.	.	.	.	.	.	.	35 338	5
26	Arnsberg	3 599	2	3 661	9	62	7	.	.	414	9	102	7	.	.	.	.	.	.	19 210	6
27	Cassel	38 690	9	38 232	.	.	.	458	9	459	2	69	8	264	5	.	.	2 011	5	201 502	1
28	Wiesbaden	9 366	3	10 303	2	936	9	.	.	48	9	.	.	496	2	.	.	261	8	51 290	7
29	Coblenz	5 009	2	4 995	4	.	.	13	8	2 876	1	1 227	8	9	6	.	.	511	6	29 124	8
30	Düsseldorf	3 941	5	3 647	4	.	.	294	1	.	.	.	.	284	4	.	.	383	6	16 929	.
31	Cöln	2 661	3	2 564	1	.	.	97	2	.	.	.	.	.	.	.	.	96	1	11 885	8
32	Trier	11 329	2	11 322	2	.	.	7	.	1 196	9	1 196	9	86	8	.	.	229	.	63 124	4
33	Aachen	6 869	8	6 600	2	.	.	269	6	2 699	8	1 116	6	.	.	.	.	66	8	32 385	.
	Zusammen	455 464	5	422 279	1	6 067	.	39 252	4	9 270	8	4 007	6	21 240	3	377	9	20 871	6	2 597 854	9
								33 185	4												

[1]) Ausschließlich der Nehrungsanteile.

Tabelle 38b.

Übersicht des Holzertrages und des Sortenverhältnisses in den Staatsforsten für die Etatsjahre 1906—1910 (Wirtschaftsjahre 1. Oktober 1905 bis 1. Oktober 1910).

Wirtschaftsjahr	Rechnungsmäßiger Ist-Einschlag. Bau- und Nutzholz: Derbholz einschl. Nutzrinde	Bau- und Nutzholz: Reisig	Bau- und Nutzholz: Zusammen (Spalte 2 und 3)	Brennholz: Derbholz	Brennholz: Stockholz	Brennholz: Reisig	Brennholz: Zusammen (Spalte 5, 6 und 7)	Summe Bau-, Nutz- und Brennholz (Spalte 4 und 8)	Darunter sind enthalten: Derbholz einschl. Nutzrinde (Spalte 2 und 5)	Darunter sind enthalten: Reisig (Spalte 3 und 7)	Zur Holzzucht bestimmte Fläche
	Festmeter										Hektar
1.	2.	3.	4.	5.	6.	7.	8.	9.	10.	11.	12.
1. Oktober 1905/1906	5 708 902	63 256	5 772 158	3 462 289	243 402	1 538 721	5 244 412	11 016 570	9 171 191	1 601 977	2 605 392
1. „ 1906/1907	5 992 742	66 597	6 059 339	3 473 839	200 163	1 529 903	5 203 905	11 263 244	9 466 581	1 596 500	2 618 745
1. „ 1907/1908	6 186 518	77 519	6 264 037	3 704 812	218 544	1 790 243	5 713 599	11 977 636	9 891 330	1 867 762	2 640 782
1. „ 1908/1909	6 791 895	77 064	6 868 959	4 067 251	202 514	1 898 051	6 167 816	13 036 775	10 859 146	1 975 115	2 659 812
1. „ 1909/1910	9 173 132	70 163	9 243 295	4 489 183	201 910	1 780 150	6 471 243	15 714 538	13 662 315	1 850 313	2 677 197

Fortsetzung der Tabelle 38 b.

Die Abnutzung hat pro Hektar der Holzbodenfläche betragen: Bau- und Nutzholz: Derbholz einschl. Nutzrinde	Bau- und Nutzholz: Reisig	Bau- und Nutzholz: Zusammen (Spalte 13 u. 14)	Brennholz: Derbholz	Brennholz: Stockholz	Brennholz: Reisig	Brennholz: Zusammen (Spalte 16, 17 und 18)	Summe Bau-, Nutz- und Brennholz (Spalte 15 u. 19)	Derb-, Nutz- und Brennholz (Spalte 13 und 16)	Reisig-, Nutz- und Brennholz (Spalte 14 und 18)	Von dem Derbholz-Einschlage entfallen: auf das kontrollfähige Holz: vom Hoch- und Plenterwalde: Hauptnutzung: Festmeter	Hauptnutzung: Prozente des gesamten kontrollfähigen Holzes	Vornutzung: Festmeter	Vornutzung: Prozente des gesamten kontrollfähigen Holzes	Vornutzung: Prozente der Hauptnutzung	vom Mittelwalde: Festmeter	vom Mittelwalde: Prozente des gesamten kontrollfähigen Holzes	Zusammen (Spalte 23, 25 und 28)	auf das nicht kontrollfähige Holz des Mittel- und Niederwaldes	Wirtschaftsjahr
Festmeter																	Festmeter		
13.	14.	15.	16.	17.	18.	19.	20.	21.	22.	23.	24.	25.	26.	27.	28.	29.	30.	31.	32.
2,19	0,03	2,22	1,33	0,09	0,59	2,01	4,23	3,52	0,62	5 731 258	62,6	3 399 215	37.1	59,3	27 394	0,3	9 157 867	13 324	1. Oktober 1905/1906
2,28	0,03	2,31	1,33	0,08	0,58	1,99	4,30	3,61	0,61	5 781 752	61,2	3 638 340	38,5	62,9	28 196	0,3	9 448 288	18 293	1. „ 1906/1907
2,34	0,03	2,37	1,41	0,08	0,68	2,17	4,54	3,75	0,71	5 934 516	60,0	3 909 103	39,5	65,9	28 133	0,3	9 871 752	19 578	1. „ 1907/1908
2,55	0,03	2,58	1,53	0,08	0,71	2,32	4,90	4,08	0,74	6 511 323	60,1	4 297 548	39,6	66,0	32 958	0,3	10 841 829	17 317	1. „ 1908/1909
3,42	0,03	3,45	1,68	0,08	0,66	2,42	5,87	5,10	0,69	9 533 593	69,8	4 106 922	30,1	43,1	11 804	0,1	13 652 319	9 996	1. „ 1909/1910

Tabelle 42.

Zusammenstellung der in den Etatsjahren 1907—1910 in den preußischen Staatsforsten verwerteten Eichenrinde.

Lfd. Nr.	Provinz	Etatsjahr 1907 (Wirtschaftsjahr 1. Oktober 1906/07) Spiegelrinde	Etatsjahr 1908 (Wirtschaftsjahr 1. Oktober 1907/08) Spiegelrinde	Etatsjahr 1909 (Wirtschaftsjahr 1. Oktober 1908/09) Spiegelrinde	Etatsjahr 1910 (Wirtschaftsjahr 1. Oktober 1909/10) Spiegelrinde
		Doppel-Zentner (100 kg)			
1.	2.	3.	4.	5.	6.
1	Ostpreußen	.	.	.	.
2	Westpreußen	.	.	.	.
3	Brandenburg	.	.	.	.
4	Pommern	.	.	.	.
5	Posen	.	.	.	.
6	Schlesien	.	.	.	.
7	Sachsen	181	132	125	77
8	Schleswig-Holstein	.	.	.	.
9	Hannover	143	6	.	.
10	Westfalen	.	.	.	.
11	Hessen-Nassau	2 985	3 325	3 369	2 691
12	Rheinprovinz	1 126	405	375	184
	Zusammen 1—7, 10 und 12 (alte Provinzen)	1 307	537	500	261
	Zusammen 8, 9 und 11 (neue Provinzen)	3 128	3 331	3 369	2 691
	Gesamtbetrag	4 435	3 868	3 869	2 952

Tabelle 45 a.

Übersicht des Ertrages aus der Holznutzung in den einzelnen Regierungsbezirken für das Hektar der zur Holzzucht bestimmten Fläche für die Etatsjahre 1907 bis 1910.

Laufende Nummer	Regierungsbezirk	Ertrag aus dem Holze für das Hektar der zur Holzzucht bestimmten Fläche (einschl. der dem Staate anteilig gehörenden Waldungen)				Reihenfolge der Bezirke nach dem Ertrage aus dem Holze für das ha des Holzbodens im Etatsjahre 1910		
		Etatsjahr 1907	Etatsjahr 1908	Etatsjahr 1909	Etatsjahr 1910	Lfd. Nr.		Mark
		Mark						
1.	2.	3.	4.	5.	6.	7.	8.	9.
1	Königsberg	43,30	38,22	48,17	28,43	1	Köslin	25,43
2	Gumbinnen	34,04	29,14	33,47	25,77	2	Gumbinnen	25,77
3	Allenstein	48,05	49,60	46,38	48,91	3	Danzig	27,68
4	Danzig	31,29	27,72	27,60	27,68	4	Königsberg	28,43
5	Marienwerder . . .	41,47	34,63	35,47	38,73	5	Lüneburg	29,64
6	Potsdam	49,91	46,40	51,10	51,05	6	Cassel	32,75
7	Frankfurt a. O. . .	51,52	46,88	52,35	53,12	7	Bromberg	33,98
8	Stettin	53,25	50,54	52,45	54,51	8	Posen	34,01
9	Köslin	31,92	30,25	27,04	25,43	9	Magdeburg	35,25
10	Stralsund	41,80	42,83	39,46	39,07	10	Osnabrück	35,33
11	Posen	34,70	33,52	37,53	34,01	11	Stade	36,76
12	Bromberg	32,30	31,17	34,11	33,98	12	Cöln	37,74
13	Breslau	79,69	80,52	82,81	88,16	13	Marienwerder . . .	38,73
14	Liegnitz	53,43	57,53	54,03	65,34	14	Coblenz	38,91
15	Oppeln	66,90	94,46	80,37	62,30	15	Stralsund	39,07
16	Magdeburg	42,43	40,08	34,41	35,25	16	Wiesbaden	39,50
17	Merseburg	68,54	66,63	60,28	61,14	17	Aachen	40,48
18	Erfurt	90,73	90,14	87,99	89,97	18	Schleswig	43,10
19	Schleswig	42,96	46,13	45,80	43,10	19	Düsseldorf	46,54
20	Hannover	53,40	54,54	52,19	50,91	20	Allenstein	48,91
21	Hildesheim	63,27	62,01	64,60	62,47	21	Hannover	50,91
22	Lüneburg	29,01	27,16	34,52	29,64	22	Potsdam	51,05
23	Stade	37,13	36,43	37,43	36,76	23	Trier	51,28
24	Osnabrück (mit Aurich)	28,93	35,37	35,35	35,33	24	Frankfurt a. O. . .	53,12
25	Minden (mit Münster)	62,11	60,18	64,50	62,94	25	Stettin	54,51
26	Arnsberg	51,40	50,90	49,48	55,63	26	Arnsberg	55,63
27	Cassel	33,16	35,18	34,72	32,75	27	Merseburg	61,14
28	Wiesbaden	41,67	43,12	39,90	39,50	28	Oppeln	62,30
29	Coblenz	41,36	40,55	42,97	38,91	29	Hildesheim	62,47
30	Düsseldorf	55,99	57,15	51,48	46,54	30	Minden	62,94
31	Cöln	45,58	44,61	38,55	37,74	31	Liegnitz	65,34
32	Trier	48,55	51,76	49,89	51,28	32	Breslau	88,16
33	Aachen	38,12	39,48	35,79	40,48	33	Erfurt	89,97
	Staat	45,70	44,66	45,42	44,13			

Tabelle

Haupt=Übersicht der Ist=Einnahmen und =Ausgaben

Die Beträge, die infolge der durch das Budget erteilten Ermächtigung dem Ankaufsfonds

Laufende Nummer	Regierungsbezirk usw.	Geld= Holz M.	Pf.	Nebennutzungen M.	Pf.	Jagd M.	Pf.	Torfgräbereien M.	Pf.	Rückzahlungen auf die an Forstbeamte zur wirtschaftlichen Einrichtung gewährten Vorschüsse M.	Pf.	Forstliche Lehranstalten M.	Pf.	Verschiedene andere Einnahmen M.	Pf.	Erlös aus dem Verkauf von Forstgrundstücken (Außerordentliche Einnahmen) M.	Pf.
1.	2.	3.		4.		5.		6.		7.		8.		9.		10.	
1	Königsberg	2 589 567	41	404 900	72	19 031	92	30 809	60	.	.	.	.	16 561	14	.	.
2	Gumbinnen	3 235 295	79	597 669	31	19 393	14	18 059	60	.	.	.	.	18 329	35	.	.
3	Allenstein	9 075 412	59	444 541	49	21 662	72	2 101	60	.	.	.	.	18 282	36	9 863	47
4	Danzig	3 411 567	31	196 138	45	9 869	71	3 478	15	.	.	.	.	26 236	11	3 647	12
5	Marienwerder	9 551 345	04	457 441	91	28 964	41	2 950	.	.	.	.	.	19 964	73	2 128	30
6	Potsdam	10 487 607	64	573 683	77	80 943	10	.	.	.	.	10 079	01	399 741	36	5 476 851	60
7	Frankfurt a O.	10 098 813	88	347 221	85	34 432	95	847	73	.	.	18 071	76	44 368	24	143 485	50
8	Stettin	5 832 283	82	282 414	60	27 937	07	16 347	20	.	.	.	.	12 163	28	12 506	60
9	Köslin	1 902 859	19	105 446	40	11 172	54	1 801	90	.	.	.	.	5 781	49	9 000	30
10	Stralsund	1 001 484	05	68 637	54	11 311	52	.	.	.	.	.	.	3 127	06	28 506	10
11	Posen	3 272 418	21	207 866	17	20 125	91	3	50	.	.	.	.	5 850	11	401	69
12	Bromberg	4 391 345	99	250 158	03	17 686	.	1 568	50	.	.	21 411	50	8 246	92	4 721	.
13	Breslau	5 155 479	71	201 990	81	21 464	53	26	40	.	.	.	.	6 908	94	.	.
14	Liegnitz	1 452 836	36	36 735	89	3 803	44	1 031	70	.	.	.	.	7 336	94	2 703	74
15	Oppeln	4 562 135	65	130 853	24	15 608	72	.	.	.	.	.	.	12 967	66	6 328	51
16	Magdeburg	2 228 874	43	260 246	27	31 266	46	.	.	.	.	.	.	9 022	19	408	.
17	Merseburg	4 386 156	90	372 811	42	31 980	45	6 203	70	.	.	.	.	25 145	22	72 410	.
18	Erfurt	3 367 381	46	40 865	52	8 713	30	.	.	.	.	.	.	16 468	86	5 160	.
19	Schleswig	1 624 620	17	66 287	26	18 749	43	27 931	98	.	.	.	.	6 999	75	129 510	98
20	Hannover	1 393 311	92	47 229	33	18 078	76	4 756	90	.	.	.	.	223 836	67	1 112	25
21	Hildesheim	6 239 286	.	267 281	18	35 565	03	.	.	.	.	9 642	14	31 855	13	50 211	68
22	Lüneburg	2 235 202	12	138 227	26	17 004	18	5 326	22	.	.	.	.	15 404	19	112 092	50
23	Stade	638 984	49	23 962	77	4 457	94	4 921	02	.	.	.	.	7 442	41	8 146	29
24	Osnabrück (mit Aurich)	483 291	81	38 063	48	1 460	97	5 827	07	.	.	.	.	1 722	05	9 600	.
25	Minden (mit Münster)	2 185 057	01	43 408	75	11 769	37	1 568	30	.	.	.	.	5 600	11	4 352	61
26	Arnsberg	1 320 325	25	23 365	07	6 709	50	.	.	.	.	.	.	26 726	58	28 915	59
27	Cassel	6 585 166	66	278 654	48	45 989	72	36	70	.	.	22 871	98	118 030	70	48 407	50
28	Wiesbaden	2 044 322	36	129 810	31	20 637	50	.	.	.	.	26 204	.	92 511	51	3 768	72
29	Coblenz	1 156 965	73	25 964	80	13 433	81	.	.	.	.	.	.	32 334	71	5 300	.
30	Düsseldorf	786 908	17	222 077	67	15 750	55	.	.	.	.	.	.	10 292	69	56 463	.
31	Cöln	517 418	15	86 679	74	20 828	22	.	.	.	.	.	.	15 354	87	48 895	58
32	Trier	3 286 626	55	162 627	31	17 185	07	37	.	.	.	.	.	8 333	90	17 991	.
33	Aachen	1 364 284	35	15 022	34	14 440	46	.	.	.	.	.	.	8 086	93	1 181	.
34	Sigmaringen	.	.	40	.	.	.	.	.	.	.	.	.	13 019	07	.	.
35	Generalstaatskasse	.	.	.	.	.	.	.	.	52 179	50	.	.	4 704	34	.	.
36	Ministerial-, Militär- u. Baukommission	.	.	23 978	73	.	.	.	.	.	.	.	.	73 723	61	373 075	.
	Zusammen	118 134 636	17	6 572 303	87	677 428	40	135 634	77	52 179	50	108 280	39	1 352 481	18	6 677 145	63

46 b.

der Staatsforstverwaltung für das Etatsjahr 1910.

zur Verstärkung des Kulturfonds entnommen worden sind, sind bei letzterem nachgewiesen.

ertrag				Dauernde Ausgaben														Regierungsbezirk usw.
				Verwaltung und Betrieb														
				Besoldungen														
Rückeinnahmen des 100 Millionenfonds und des verstärkten 100 Millionenfonds (Außeretatsmäßige Einnahmen)		Rohertrag zusammen (Spalte 3—11)		Oberforstmeister (einschl. Dirigentenzulagen) und Regierungs- und Forsträte			Oberförster und verwaltende Revierförster			Vollbeschäftigte Forstkassenrendanten			Revierförster (einschl. Revierförsterzulagen), Förster m. und o. R. und Waldwärter			Torf-, Wiesen- usw. Meister und Wärter		
M.	Pf.	M.	Pf.	Stellenzahl	M.	Pf.	Stellenzahl[1]	M.	Pf.	Stellenzahl	M.	Pf.	Stellenzahl[2]	M.	Pf.	M.	Pf.	
11.		12.		13.	14.		15.	16.		17.	18.		19.	20.		21.		
.	.	3 330 870	79	4	27 000	.	24	122 550	.	6	18 200	.	147	372 908	32	5 680	.	Königsberg.
.	.	3 888 747	19	5	28 350	.	28	139 000	.	7	18 700	.	161	444 951	85	6 049	18	Gumbinnen.
.	.	9 571 864	23	5	34 800	.	35	154 975	.	11	34 700	.	203	467 091	64	.	.	Allenstein.
21 678	10	3 672 614	95	4	24 650	.	23	111 300	.	2	5 800	.	147	343 374	97	.	.	Danzig.
.	.	10 062 794	39	8	44 400	.	49	237 550	.	13	42 400	.	287	724 343	41	1 400	.	Marienwerder.
.	.	17 028 906	48	6	38 400	.	45	316 950	.	9	36 800	.	242	689 873	79	1 820	.	Potsdam.
.	.	10 687 241	91	6	47 400	.	40	249 999	11	11	37 125	.	229	607 195	81	.	.	Frankfurt a. O.
.	.	6 183 652	57	4	31 800	.	26	159 300	.	8	31 000	.	135	368 730	55	4 320	.	Stettin.
.	.	2 036 061	82	3	21 000	.	15	82 350	.	2	7 000	.	93	233 249	99	1 300	.	Köslin
.	.	1 113 066	27	1	8 400	.	6	38 550	.	2	7 800	.	50	136 241	67	.	.	Stralsund.
95 427	49	3 602 093	08	4	26 400	.	18	94 825	.	2	6 600	.	116	283 708	32	.	.	Posen.
4 847	10	4 699 985	04	4	27 900	.	25	136 900	.	4	16 200	.	141	339 012	46	.	.	Bromberg.
.	.	5 385 870	39	3	24 000	.	16	102 000	.	4	15 900	.	109	298 658	31	.	.	Breslau.
.	.	1 504 448	07	1	7 800	.	5	39 350	.	.	.	.	41	118 588	21	.	.	Liegnitz.
.	.	4 727 893	78	3	19 800	.	18	105 750	.	6	19 900	.	108	305 387	49	3 075	.	Oppeln.
.	.	2 529 817	35	3	16 650	.	19	131 025	.	6	20 300	.	101	295 979	16	.	.	Magdeburg.
.	.	4 894 707	69	4	25 200		22	136 875	.	4	13 375	.	126	358 370	82	.	.	Merseburg.
.	.	3 438 589	14	3	22 200	.	14	72 825	.	1	4 200	.	78	200 137	49	.	.	Erfurt.
.	.	1 874 099	57	3	18 600	.	15	87 125	.	.	.	.	76	167 041	65	.	.	Schleswig.
.	.	1 688 325	83	4	31 800	.	28	161 975	.	1	2 800	.	109	259 873	94	.	.	Hannover.
.	.	6 633 841	16	7	50 400	.	42	236 125	.	5	21 300	.	187	506 637	48	.	.	Hildesheim.
.	.	2 523 256	47	4	27 300	.	23	126 650	.	.	.	.	114	286 895	81	.	.	Lüneburg.
.	.	687 914	92	1	8 400	.	7	37 875	.	.	.	.	32	77 795	83	.	.	Stade.
.	.	539 965	38	1	8 400	.	5	25 500	.	.	.	.	26	57 485	.	.	.	Osnabrück (mit Aurich).
.	.	2 251 756	15	3	18 900	.	12	65 100	.	1	2 100	.	75	198 601	02	.	.	Minden (mit Münster).
.	.	1 406 041	99	3	20 700		10	48 470	62	1	3 600	.	43	114 337	50	.	.	Arnsberg.
.	.	7 099 157	74	13	81 500	.	88	471 500	.	3	8 912	.	413	1 083 880	10	.	.	Cassel.
.	.	2 317 254	40	7	47 850	.	57	293 150	.	4	13 200	.	106	279 054	14	.	.	Wiesbaden.
.	.	1 233 999	05	4	29 100	.	12	62 475	.	.	.	.	79	213 533	32	.	.	Coblenz.
.	.	1 091 492	08	1	7 800	.	5	37 600	.	1	3 900	.	41	102 208	33	.	.	Düsseldorf.
.	.	689 176	56	1	8 400	.	4	35 775	.	.	.	.	26	67 883	33	.	.	Cöln.
.	.	3 492 800	83	5	35 400	.	18	96 725	.	2	6 075	.	117	330 867	50	.	.	Trier.
.	.	1 403 015	08	3	21 600	.	10	54 375	.	.	.	.	58	134 333	30	.	.	Aachen.
.	.	13 059	07	.	.	.	4	16 650	.	.	.	.	.	.	.	.	.	Sigmaringen.
.	.	56 883	84	.	.	.	.	.	.	.	.	.	2	.	.	.	.	Generalstaatskasse.
.	.	470 777	34	.	.	.	.	.	.	.	.	.	.	.	.	.	.	Ministerial-, Militär- u. Baukommission.
121 952	69	133 832 042	60	131	892 300	.	768	4 289 144	73	116	397 887	.	4018	10 468 232	51	23 644	18	Zusammen

[1]) Ausschl. der Oberförster o. R.
[2]) Einschl. 1 Dünenaufsehers, ausschl. 1200 Förster o. R.

Laufende Nummer	Regierungsbezirk usw.	Dauernde Verwaltung: Besoldungen: Wohnungsgeldzuschüsse M.	Pf.	Andere persönliche Ausgaben: Vergütungen für Hilfsarbeiter im Forstverwaltungsdienste bei den Regierungen und bei den Oberförstern sowie bei Betriebsregelungen M.	Pf.	Vergütung für die Gelderhebung und Auszahlung an nicht voll- oder nur nebenamtlich beschäftigte Forstkassenrendanten und an Untererheber M.	Pf.	Vergütungen für Forsthilfsaufseher einschl. für Stellvertretung, Vergütungen für nebenamtliche Waldwärter usw. M.	Pf.	Außerordentliche Remunerationen und Unterstützungen M.	Pf.	Vorschüsse an Forstbeamte zur wirtschaftlichen Einrichtung bei Übernahme oder anderweiter Ausstattung einer Stelle M.	Pf.	Betrag aller Besoldungen und Vergütungen (Spalte 14, 16, 18 und 20—27) M.	Pf.	Stellen-: Dienstaufwandsentschädigungen für Oberforstmeister, Regierungs- und Forsträte und Oberförster sowie Stellenzulagen für Oberförster M.	Pf.
		22.		23.		24.		25.		26.		27.		28.		29.	
1	Königsberg	6 785	.	10 509	24	17 481	20	81 830	92	10 850	.	.	.	673 794	68	65 275	22
2	Gumbinnen	8 635	.	7 965	49	9 146	12	94 213	91	10 850	.	.	.	767 861	55	76 829	38
3	Allenstein	9 302	50	12 908	96	7 225	18	112 353	48	13 335	.	.	.	846 691	76	97 297	34
4	Danzig	3 933	33	21 616	90	17 318	72	90 342	78	7 250	.	.	.	625 586	70	68 929	90
5	Marienwerder	12 670	.	24 502	35	7 714	10	109 541	48	12 200	.	.	.	1 216 721	34	131 126	.
6	Potsdam	17 013	67	20 384	35	17 033	28	99 007	71	11 300	.	.	.	1 248 582	80	130 191	29
7	Frankfurt a. O.	10 394	80	18 850	23	11 425	.	52 889	52	8 400	.	.	.	1 043 679	47	116 283	14
8	Stettin	7 722	50	10 654	17	9 531	70	49 977	48	5 400	.	.	.	678 436	40	68 343	.
9	Köslin	3 210	.	6 409	.	7 703	49	22 316	58	3 100	.	.	.	387 639	06	37 830	.
10	Stralsund	1 460	.	6 591	.	5 547	80	3 572	17	1 381	.	.	.	209 543	64	13 472	.
11	Posen	5 260	.	10 717	96	15 697	09	51 944	97	5 700	.	.	.	500 853	34	57 191	92
12	Bromberg	6 976	67	8 346	55	11 032	32	47 219	15	4 445	.	.	.	598 032	15	64 174	76
13	Breslau	6 310	.	8 725	38	6 900	.	26 621	69	3 950	.	.	.	493 065	38	41 178	.
14	Liegnitz	2 700	.	3 948	26	8 475	.	5 678	03	1 600	.	.	.	188 139	50	12 057	57
15	Oppeln	4 430	.	6 376	07	2 900	.	40 161	.	4 125	.	.	.	511 904	56	40 658	24
16	Magdeburg	6 752	50	1 807	50	10 460	83	23 229	63	3 600	.	.	.	509 804	62	43 990	42
17	Merseburg	4 822	50	5 490	80	19 472	18	21 543	48	4 100	.	.	.	589 249	78	53 611	.
18	Erfurt	4 192	50	947	.	11 174	62	21 128	48	3 100	.	.	.	339 905	09	34 935	55
19	Schleswig	3 647	50	4 171	57	11 450	.	23 470	04	3 800	.	.	.	319 305	76	43 377	59
20	Hannover	5 134	17	8 072	10	8 571	10	35 451	17	4 032	.	.	.	517 709	48	74 534	28
21	Hildesheim	8 492	50	8 960	81	13 461	22	35 186	97	6 350	.	.	.	886 913	98	113 455	84
22	Lüneburg	3 955	.	6 376	90	15 327	80	17 528	69	3 260	.	.	.	487 294	20	59 805	79
23	Stade	1 590	.	3 300	.	3 020	.	10 927	94	1 200	.	.	.	144 108	77	21 188	.
24	Osnabrück (mit Aurich)	880	.	3 300	.	2 826	.	11 937	40	1 200	.	.	.	111 528	40	12 006	57
25	Minden (mit Münster)	2 780	.	14 158	33	9 149	06	20 950	23	2 500	.	.	.	334 238	64	35 310	.
26	Arnsberg	2 740	.	2 200	.	4 937	.	5 886	23	2 750	.	.	.	205 621	35	27 314	.
27	Cassel	14 740	.	42 181	48	30 180	56	89 268	52	15 700	.	.	.	1 837 862	66	236 758	90
28	Wiesbaden	11 080	.	5 556	68	16 341	53	51 921	19	5 600	.	.	.	723 753	54	152 095	35
29	Coblenz	3 660	.	6 223	89	13 215	.	16 109	74	3 250	.	.	.	347 566	95	40 404	.
30	Düsseldorf	3 316	67	3 775	.	5 800	.	16 439	71	1 460	.	.	.	182 299	71	14 142	.
31	Cöln	3 715	.	825	.	1 534	.	12 468	50	1 200	.	.	.	131 800	83	11 612	.
32	Trier	5 560	.	6 895	22	8 129	56	48 424	66	4 530	.	.	.	542 606	94	65 423	48
33	Aachen	3 269	17	7 981	66	4 066	33	20 555	40	3 000	.	.	.	249 180	86	36 156	.
34	Sigmaringen	.	.	3 475	.	.	.	.	.	.	.	.	.	20 125	.	8 800	.
35	Generalstaatskasse	.	.	.	.	.	.	.	.	.	.	43 100	.	43 100	.	35 820	.
36	Ministerial-, Militär- u. Baukommission	.	.	.	.	.	.	.	.	.	.	.	.	.	.	.	.
	Zusammen	197 130	98	314 204	85	344 247	79	1 370 098	85	174 518	.	43 100	.	18 514 508	89	2 141 578	53

46 b.

Ausgaben

und Betrieb

zulagen, Dienstaufwands- und Mietsentschädigungen, Dienstkleidungszuschüsse												Betriebskosten				
Dienstaufwandsentschädigungen für vollbeschäftigte Forstkassenrendanten		Dienstaufwandsentschädigungen, Stellenzulagen usw. für Revierförster und Förster, Stellenzulagen usw. für Waldwärter		Dienstaufwandsentschädigungen für Flößereiverwalter, Stellenzulagen und Dienstkleidungszuschüsse für die Meister und Wärter bei den Nebenbetriebsanstalten		Dienstkleidungszuschüsse für Forsthilfsaufseher		Mietsentschädigungen wegen fehlender Dienstwohnungen für Oberförster, Förster, Meister usw.		Zusammen (Spalte 29—34)		Werbung und Verbringen von Holz und anderen Forsterzeugnissen		Unterhaltung und Neubau der Gebäude und Beschaffung fehlender Gebäude		Regierungsbezirk usw.
M.	Pf.	M.	Pf.	M.	Pf.	M.	Pf.	M.	Pf.	M.	Pf.	M.	Pf.	M.	Pf.	
30.		31.		32.		33.		34.		35.		36.		37.		
7 000	.	22 963	34	90	.	2 060	64	7 834	41	105 223	61	3 811 028	53	100 839	38	Königsberg.
10 800	.	26 523	33	670	.	2 415	21	9 036	79	126 274	71	2 342 512	14	166 545	06	Gumbinnen.
16 875	.	54 127	50	100	.	2 732	71	4 583	25	175 715	80	1 155 195	09	123 126	68	Allenstein.
2 775	.	42 431	25	.	.	2 248	59	2 707	28	119 092	02	416 857	54	116 573	72	Danzig.
20 700	.	80 736	67	830	.	2 684	95	11 694	51	247 772	13	940 791	09	218 042	02	Marienwerder.
15 750	.	47 461	67	230	.	2 288	32	16 203	07	212 124	35	1 282 330	87	236 103	74	Potsdam.
15 750	.	40 095	.	.	.	1 397	05	15 638	25	189 163	44	1 046 382	40	150 092	82	Frankfurt a. O.
10 000	.	23 450	.	490	.	1 232	82	5 177	33	108 693	15	586 650	22	104 583	84	Stettin.
2 500	.	18 748	33	230	.	534	27	2 910	17	62 752	77	248 291	72	95 818	75	Köslin.
2 162	50	8 710	.	.	.	82	50	2 887	86	27 314	86	205 478	56	45 043	92	Stralsund.
2 900	.	33 590	.	.	.	1 209	74	566	67	95 458	33	476 960	40	115 082	01	Posen.
7 000	.	39 660	.	.	.	1 161	01	8 059	99	120 055	76	475 592	58	72 109	09	Bromberg.
6 300	.	20 174	17	.	.	586	75	10 494	67	78 733	59	720 392	77	36 228	73	Breslau.
.	.	7 575	.	.	.	148	47	3 818	59	23 599	63	162 750	78	18 031	28	Liegnitz.
7 650	.	19 280	.	1 010	.	935	.	6 174	83	75 708	07	530 552	47	57 973	08	Oppeln.
5 500	.	18 150	.	.	.	532	95	9 404	09	77 577	46	328 758	35	51 075	19	Magdeburg.
4 933	33	22 080	.	.	.	450	.	8 319	92	89 394	25	448 140	16	61 508	21	Merseburg.
1 600	.	21 430	.	.	.	505	83	6 775	86	65 247	24	509 094	72	54 816	20	Erfurt.
.	.	17 731	67	.	.	545	.	6 487	83	68 142	09	360 507	11	57 635	25	Schleswig.
1 600	.	24 845	.	.	.	892	50	9 484	91	111 356	69	222 850	47	41 883	85	Hannover.
9 000	.	51 060	.	.	.	915	81	13 424	27	187 855	92	1 293 550	79	115 465	98	Hildesheim.
.	.	28 420	.	.	.	303	32	9 408	08	97 937	19	431 276	60	73 212	91	Lüneburg.
.	.	7 385	.	.	.	262	50	1 975	83	30 811	33	86 957	28	15 308	34	Stade.
.	.	6 780	.	.	.	237	50	864	50	19 888	57	78 308	25	9 648	40	Osnabrück (mit Aurich).
1 400	.	22 890	.	.	.	418	75	7 454	74	67 473	49	398 340	81	54 302	77	Minden (mit Münster).
1 400	.	14 500	.	.	.	81	93	4 554	66	47 850	59	196 566	13	28 100	02	Arnsberg.
5 500	.	141 710	.	.	.	2 138	62	33 754	50	419 862	02	1 390 973	02	165 018	24	Cassel.
5 950	.	35 200	.	.	.	855	51	11 399	33	205 500	19	504 388	18	65 136	90	Wiesbaden.
.	.	25 750	.	.	.	363	36	9 574	66	76 092	02	242 509	67	35 327	68	Coblenz.
1 800	.	11 800	.	.	.	400	50	3 816	28	31 958	78	102 790	26	11 773	34	Düsseldorf.
.	.	8 200	.	.	.	317	10	3 373	.	23 502	10	105 241	40	13 442	30	Cöln.
3 600	.	40 040	.	.	.	1 204	33	14 679	92	124 947	73	681 170	07	58 095	66	Trier.
.	.	18 358	33	.	.	535	60	2 338	32	57 388	25	220 572	53	59 847	35	Aachen.
.	.	.	.	.	.	.	.	3 237	.	12 037	.	.	.	483	60	Sigmaringen.
.	.	.	.	.	.	.	.	.	.	35 820	.	.	.	.	.	Generalstaatskasse.
.	.	.	.	.	.	.	.	.	.	.	.	.	.	.	.	Ministerial-, Militär- u. Baukommission.
170 445	83	1 001 856	26	3 650	.	32 679	14	268 115	37	3 618 325	13	22 003 762	96	2 628 276	31	Zusammen

Laufende Nummer	Regierungsbezirk usw.	Dauernde — Verwaltung und — Betriebskosten: Unterhaltung und Neubau der öffentlichen Wege in den Forsten M.	Pf.	Beihilfen zu Wege- und Brückenbauten und zur Anlegung von Eisenbahngüter-Haltestellen außerhalb der Forsten M.	Pf.	Wasserbauten in den Forsten M.	Pf.	Forstkulturen, Verbesserung der Forstgrundstücke, Bau der Wirtschaftswege usw. M.	Pf.	Forstvermessungen und Betriebsregelungen M.	Pf.	Jagdverwaltungskosten und Wildschadenersatzgelder M.	Pf.	Torfgräbereien M.	Pf.	Reisekosten M.	Pf.
		38.		39.		40.		41.		42.		43.		44.		45.	
1	Königsberg	159 363	25	34 325	.	35 058	53	563 939	60	467	21	5 470	23	4 439	50	3 806	47
2	Gumbinnen	244 374	05	3 817	60	1 897	19	706 754	11	1 050	92	30 224	04	13 208	09	3 764	28
3	Allenstein	128 517	67	55 310	.	2 485	27	476 110	29	6 756	44	2 356	55	768	05	5 121	79
4	Danzig	183 455	59	6 126	68	.	.	476 961	05	9 780	14	476	65	.	.	2 210	58
5	Marienwerder	539 886	68	32 770	.	231	97	722 457	47	9 605	79	7 779	48	.	.	8 572	56
6	Potsdam	413 041	59	8 000	.	28 243	70	710 172	21	6 267	22	9 076	81	.	.	1 734	79
7	Frankfurt a. O.	194 421	89	33 440	.	12 754	23	480 253	13	3 039	53	9 431	04	531	36	2 008	.
8	Stettin	70 725	02	6 359	69	1 470	73	264 262	03	1 999	96	1 009	48	5 313	65	1 455	70
9	Köslin	30 389	04	24 993	92	96	78	177 788	38	503	91	365	53	.	.	2 562	25
10	Stralsund	16 735	35	9 007	33	6 518	89	106 702	96	444	84	279	28	.	.	453	36
11	Posen	56 337	93	23 000	.	53	20	280 737	93	4 006	07	4 157	93	.	.	2 785	31
12	Bromberg	220 808	29	26 096	.	8 978	37	261 435	30	1 879	04	188	92	.	.	1 392	42
13	Breslau	63 288	86	25 900	.	981	01	202 127	79	1 542	75	1 906	45	81	40	1 964	17
14	Liegnitz	14 702	56	1 244	73	4 802	45	58 660	09	523	55	152	32	92	84	354	97
15	Oppeln	33 427	34	17 052	28	7 936	93	155 415	85	945	46	1 205	81	.	.	426	98
16	Magdeburg	52 654	18	.	.	.	.	257 508	18	1 385	66	16 141	45	.	.	1 365	56
17	Merseburg	110 457	28	2 192	18	8 799	53	294 175	04	5 044	34	1 870	92	5 298	56	469	66
18	Erfurt	42 325	56	7 359	.	1 452	83	176 610	02	3 671	06	2 685	33	.	.	419	82
19	Schleswig	27 123	15	3 499	01	20 129	40	112 251	85	1 009	74	54	.	1 656	30	1 059	76
20	Hannover	36 557	56	400	.	1 505	41	108 310	28	1 188	92	136	36	352	48	801	05
21	Hildesheim	138 828	42	2 087	13	1 225	07	414 964	99	2 897	27	15 085	60	.	.	1 380	24
22	Lüneburg	49 321	86	1 088	07	.	.	190 564	76	2 381	45	635	41	1 175	12	2 205	51
23	Stade	2 137	74	16 234	28	509	98	48 801	42	358	41	.	.	245	47	1 038	41
24	Osnabrück (mit Aurich)	2 027	45	.	.	.	.	41 671	66	.	.	.	.	251	75	738	49
25	Minden (mit Münster)	52 289	98	2 900	.	5	20	137 976	57	960	55	6 645	11	.	.	650	88
26	Arnsberg	27 664	47	5 852	07	2 196	32	79 668	13	1 114	34	269	67	.	.	1 330	92
27	Cassel	148 454	56	34 382	14	3 739	06	703 725	46	8 005	53	7 172	12	50	.	3 932	64
28	Wiesbaden	5 396	92	4 530	91	.	.	174 448	97	606	72	1 869	72	.	.	1 053	55
29	Coblenz	30 155	14	791	32	.	.	103 992	66	687	13	377	05	.	.	442	80
30	Düsseldorf	31 681	76	4 200	.	951	72	109 555	89	577	38	261	45	.	.	358	11
31	Cöln	14 295	31	.	.	.	.	46 563	69	431	.	195	41	.	.	99	68
32	Trier	107 343	45	4 575	60	250	.	259 146	15	387	72	3 343	50	.	.	515	20
33	Aachen	45 920	76	.	.	.	.	210 115	72	10 116	82	2 931	33	.	.	547	47
34	Sigmaringen	.	.	.	.	.	.	.	.	.	.	.	.	.	.	.	.
35	Generalstaatskasse	:	.	.	.	.	.	.	.	.	.	.	.	.	.	8 436	43
36	Ministerial-, Militär- und Baukommission	.	.	.	.	.	.	.	.	.	.	.	.	.	.	.	.
	Zusammen	3 294 110	66	397 534	94	152 273	77	9 113 829	63	89 636	87	133 754	95	33 464	57	65 459	81

46 b.

Ausgaben

Betrieb: Betriebskosten: Umzugskosten M.	Pf.	Betrieb: Betriebskosten: Vertilgung schädlicher Tiere M.	Pf.	Betrieb: Betriebskosten: Holzverkaufs- und Verpachtungskosten, Vorflut-, Prozeß- und Druckkosten und andere vermischte Ausgaben M.	Pf.	Betrieb: Betriebskosten: Zusammen (Spalte 36—48) M.	Pf.	Summe der Verwaltungs- und Betriebskosten (Spalte 28, 35 und 49) M.	Pf.	Forstwissenschaftliche und Lehrzwecke: Besoldungen und andere persönliche Ausgaben M.	Pf.	Forstwissenschaftliche und Lehrzwecke: Sonstige Ausgaben M.	Pf.	Forstwissenschaftliche und Lehrzwecke: Zusammen (Spalte 51 und 52) M.	Pf.	Regierungsbezirk usw.
46.		47.		48.		49.		50.		51.		52.		53.		
7 069	63	365 118	50	38 608	73	5 129 534	56	5 908 552	85	.	.	.	.	.	.	Königsberg.
5 117	85	68 652	47	62 456	83	3 650 374	63	4 544 510	89	.	.	.	.	.	.	Gumbinnen.
9 406	68	57 739	46	69 803	25	2 092 697	22	3 115 104	78	450	.	30	32	480	32	Allenstein.
6 280	76	19 957	18	26 041	24	1 264 721	13	2 009 399	85	.	.	.	.	.	.	Danzig.
13 957	22	53 843	03	54 764	39	2 602 701	70	4 067 195	17	.	.	114	68	114	68	Marienwerder
6 881	29	51 886	63	167 288	78	2 921 027	63	4 381 734	78	100 749	83	54 420	78	155 170	61	Potsdam.
17 074	99	41 008	78	55 883	05	2 046 321	22	3 279 164	13	5 754	50	23 496	48	29 250	98	Frankfurt a. O.
4 475	47	3 634	51	31 764	40	1 083 704	70	1 870 834	25	.	.	.	.	.	.	Stettin.
2 742	42	5 631	42	15 909	84	605 093	96	1 055 485	79	.	.	.	.	.	.	Köslin.
1 188	.	1 988	68	10 635	06	404 476	23	641 334	73	.	.	.	.	.	.	Stralsund.
6 775	56	25 313	79	47 451	60	1 042 661	73	1 638 973	40	.	.	.	.	.	.	Posen.
4 810	51	24 188	23	23 418	14	1 120 896	89	1 838 984	80	3 552	50	25 157	18	28 709	68	Bromberg.
2 992	44	36 376	97	16 475	24	1 110 258	58	1 682 057	55	400	.	621	28	1 021	28	Breslau.
3 206	02	17 466	07	8 352	30	290 339	96	502 079	09	400	.	36	86	436	86	Liegnitz.
4 792	05	24 172	80	41 018	59	874 919	64	1 462 532	27	.	.	.	.	.	.	Oppeln.
4 430	.	42 760	95	16 374	87	772 454	39	1 359 836	47	.	.	.	.	.	.	Magdeburg
3 878	69	16 723	06	48 923	23	1 007 480	86	1 686 124	89	450	.	150	76	600	76	Merseburg.
1 822	.	5 541	43	10 576	87	816 374	84	1 221 527	17	.	.	.	.	.	.	Erfurt.
2 178	.	2 563	05	18 137	28	607 803	90	995 251	75	400	.	28	54	428	54	Schleswig.
1 768	17	2 194	06	12 004	65	429 953	26	1 059 019	43	.	.	.	.	.	.	Hannover.
10 304	84	5 006	06	17 073	83	2 017 870	22	3 092 640	12	73 742	50	39 051	.	112 793	50	Hildesheim.
3 416	.	2 253	95	36 829	55	794 361	19	1 379 592	58	.	.	.	.	.	.	Lüneburg.
1 369	86	3 483	21	10 997	73	187 442	13	362 362	23	.	.	.	.	.	.	Stade.
.	.	2 963	23	9 269	71	144 878	94	276 295	91	.	.	.	.	.	.	Osnabrück (mit Aurich).
3 148	.	1 736	28	15 350	64	674 306	79	1 076 018	92	500	.	31	96	531	96	Minden (mit Münster).
3 502	.	1 141	74	5 370	35	352 776	16	606 248	10	.	.	.	.	.	.	Arnsberg.
15 951	52	17 154	22	47 079	47	2 545 637	98	4 803 362	66	5 100	.	25 238	97	30 338	97	Cassel.
4 313	39	1 434	21	25 882	87	789 062	34	1 718 316	07	3 800	.	28 550	12	32 350	12	Wiesbaden
2 103	93	753	46	9 528	34	426 669	18	850 328	15	.	.	.	.	.	.	Coblenz
427	71	886	.	13 388	97	276 852	59	491 111	08	.	.	.	.	.	.	Düsseldorf.
408	.	1 765	55	3 909	03	186 351	37	341 654	30	.	.	.	.	.	.	Cöln.
4 522	12	4 404	42	19 050	77	1 142 804	66	1 810 359	33	.	.	.	.	.	.	Trier.
2 157	53	4 346	05	23 580	88	580 136	44	886 705	55	.	.	.	.	.	.	Aachen.
.	.	.	.	157	67	641	27	32 803	27	.	.	.	.	.	.	Sigmaringen.
.	.	.	.	24 053	29	32 489	72	111 409	72	.	.	289	13	289	13	Generalstaatskasse.
.	.	.	.	.	.	.	.	.	.	.	.	.	.	.	.	Ministerial-, Militär- und Baukommission.
162 472	65	914 089	45	1 037 411	44	40 026 078	01	62 158 912	03	195 299	33	197 218	06	392 517	39	Zusammen

Laufende Nummer	Regierungsbezirk usw.	Dauernde Ausgaben															
		Allgemeine Ausgaben															
		Real- und Kommunallasten und Kosten der örtlichen Kommunal- und Polizeiverwaltung in fiskalischen Guts- und Amtsbezirken		Ablösungsrenten und zeitweise Vergütungen an Stelle von Naturalabgaben		Ausgaben auf Grund der Unfallversicherungsgesetze usw. sowie Beiträge zum Pensionskassenverbande für Gemeindeforstschutzbeamte im Regierungsbezirk Wiesbaden		Unterstützungen für ausgeschiedene Beamte sowie Pensionen und Unterstützungen für Witwen und Waisen von Beamten		Kosten der Armenpflege, die der Forstverwaltung auf Grund rechtlicher Verpflichtung obliegt		Unterstützungen aus sonstiger Veranlassung einschließl. einmaliger Unterstützungen für Personen ohne Beamteneigenschaft, die im Dienste der Forstverwaltung beschäftigt sind, sowie für Hinterbliebene solcher Personen		Ankauf von Grundstücken zu den Forsten		Zusammen (Spalte 54 bis 60)	
		M.	Pf.	M.	Pf.	M.	Pf.	M.	Pf.	M.	Pf.	M.	Pf.	M.	Pf.	M.	Pf.
		54.		55.		56.		57.		58.		59.		60.		61.	
1	Königsberg	195 762	29	275 671	84	27 994	12	11 228	14	13 231	20	4 800	.	12 081	77	540 769	36
2	Gumbinnen	254 181	68	291 105	26	23 076	36	11 439	20	6 111	04	4 240	.	137 945	75	728 099	29
3	Allenstein	185 117	17	248 537	85	22 825	61	9 181	.	4 416	80	4 700	.	780 944	05	1 255 722	48
4	Danzig	77 350	77	27 068	46	17 706	24	5 645	.	5 465	37	2 200	.	86 046	24	221 482	08
5	Marienwerder	203 527	41	44 324	11	28 996	39	6 378	.	11 936	01	4 700	.	548 354	57	848 216	49
6	Potsdam	754 487	73	76 631	79	39 270	51	28 188	42	7 226	40	3 500	.	328 446	85	1 237 751	70
7	Frankfurt a. O.	193 774	30	9 388	80	20 841	12	10 030	44	6 270	87	3 090	.	11 552	55	254 948	08
8	Stettin	107 558	88	76 376	04	13 748	07	7 625	.	3 848	81	2 000	.	230 677	08	441 833	88
9	Köslin	41 077	91	1 165	66	7 543	42	3 298	.	3 287	54	1 160	.	733 657	99	791 190	52
10	Stralsund	44 023	49	3 468	38	8 039	43	1 865	.	2 252	89	600	.	.	.	60 249	19
11	Posen	39 202	15	1 601	56	11 876	90	4 355	.	5 334	71	1 800	.	127 656	88	191 827	20
12	Bromberg	52 419	02	4 559	24	9 541	66	4 746	.	4 672	40	1 430	.	9 591	.	86 959	32
13	Breslau	101 355	95	28 569	52	14 253	19	7 484	.	308	19	2 100	.	51 365	30	205 436	15
14	Liegnitz	26 791	12	6 723	10	3 933	69	5 136	.	180	.	390	.	390 287	55	433 441	46
15	Oppeln	127 383	99	9 419	95	15 173	75	7 121	.	282	27	1 234	.	1 826	05	162 441	01
16	Magdeburg	88 175	67	9 002	76	10 886	37	3 956	.	162	.	1 400	.	125 900	.	239 482	80
17	Merseburg	81 508	98	15 664	42	10 544	34	5 263	.	166	51	1 800	.	.	.	114 947	25
18	Erfurt	41 602	43	8 407	76	8 994	48	2 970	.	.	.	1 100	.	42 931	42	106 006	09
19	Schleswig	44 527	78	14 134	70	11 258	54	3 080	40	1 704	30	800	.	3 568	55	78 074	27
20	Hannover	54 539	47	73 456	88	8 155	25	7 206	.	.	.	800	.	.	.	144 157	60
21	Hildesheim	190 599	68	112 459	06	22 456	97	6 421	50	38 858	29	2 306	23	4 772	65	377 874	38
22	Lüneburg	96 981	14	11 250	84	9 776	03	3 160	.	114	20	1 950	.	13 500	.	136 732	21
23	Stade	31 537	85	4 383	68	3 727	75	1 105	.	.	.	400	.	.	.	41 154	28
24	Osnabrück (mit Aurich)	22 151	36	3 045	54	2 934	88	200	.	.	.	400	.	.	.	28 731	78
25	Minden (mit Münster)	87 905	04	5 643	30	10 022	85	3 292	.	55	.	900	.	139	20	107 957	39
26	Arnsberg	52 581	95	2 446	95	7 223	90	1 300	.	.	.	500	.	173 826	56	237 879	36
27	Cassel	187 530	95	9 994	83	43 212	96	16 412	.	92	66	3 600	.	43 630	75	304 474	15
28	Wiesbaden	122 904	34	15 795	18	15 745	88	5 697	50	.	.	1 200	.	827	55	162 170	45
29	Coblenz	56 595	73	8 111	88	7 867	29	1 355	.	.	.	975	.	223 241	67	298 146	57
30	Düsseldorf	72 567	86	9 074	04	4 481	24	1 625	.	.	.	500	.	550	.	88 798	14
31	Cöln	33 952	49	4 555	20	1 453	69	2 196	.	.	.	300	.	32 614	20	75 071	58
32	Trier	196 279	11	48 033	83	13 437	53	2 410	.	.	.	1 554	40	115 309	68	377 024	55
33	Aachen	65 986	12	13 897	82	4 482	47	1 440	.	.	.	700	.	150 045	58	236 551	99
34	Sigmaringen	.	.	1 200	.	.	.	.	.	.	.	.	.	.	.	1 200	.
35	Generalstaatskasse	.	.	.	.	.	.	.	.	.	.	.	.	.	.	.	.
36	Ministerial-, Militär- u. Baukommission	.	.	.	.	.	.	7 808	.	.	.	360	.	.	.	8 168	.
	Zusammen	3 931 941	81	1 475 170	23	461 482	88	210 617	60	115 977	46	59 489	63	4 380 291	44	10 624 971	05

46 b.

Betrag der dauernden Ausgaben (Spalte 50, 53 und 61)		Reinertrag ohne Berücksichtigung der einmaligen Ausgaben (Spalte 12 weniger 62) *Die schrägen Zahlen sind Minuszahlen*		Einmalige und außerordentliche sowie außeretatsmäßige Ausgaben										Regierungsbezirk usw.
				Ablösung von Forstservituten, Reallasten und Passivrenten		Ankauf und erste Einrichtung von Grundstücken zu den Forsten		Versuchsweise Beschaffung von Insthäusern für Arbeiter		Herstellung von Fernsprechanlagen		Beitrag zum Ausbau des 3. und 4. Gleises der Eisenbahnstrecke Charlottenburg—Spandau		
M.	Pf.	M.	Pf.	M.	Pf.	M.	Pf.	M.	Pf.	M.	Pf.	M.	Pf.	
62.		63.		64.		65.		66.		67.		68.		
6 449 322	21	*3 118 451*	*42*	98 248	50	15 268	30	16 850	53	11 396	71	.	.	Königsberg.
5 272 610	18	*1 383 862*	*99*	4 764	60	5 930	49	41 768	95	9 999	62	.	.	Gumbinnen.
4 371 307	58	5 200 556	65	19 003	44	123 520	42	18 788	92	15 270	18	.	.	Allenstein.
2 230 881	93	1 441 733	02	12 146	62	37 250	23	20 212	63	10 104	96	.	.	Danzig.
4 915 526	34	5 147 268	05	30 215	80	194 409	01	15 862	33	15 202	50	.	.	Marienwerder.
5 774 657	09	11 254 249	39	29 890	.	579 060	56	21 497	42	10 978	79	.	.	Potsdam.
3 563 363	19	7 123 878	72	.	.	9 312	45	.	.	14 997	87	.	.	Frankfurt a. O.
2 312 668	13	3 870 984	44	185	60	.	.	1 741	37	6 221	95	.	.	Stettin.
1 846 676	31	189 385	51	.	.	81 050	50	19 780	60	10 780	73	.	.	Köslin.
701 583	92	411 482	35	.	.	.	.	22 309	05	.	.	.	.	Stralsund
1 830 800	60	1 771 292	48	12 088	.	26 972	31	15 101	70	8 999	85	.	.	Posen.
1 954 653	80	2 745 331	24	718	63	28 277	41	.	.	5 325	92	.	.	Bromberg.
1 888 514	98	3 497 355	41	36	.	.	.	.	.	.	.	.	.	Breslau.
935 957	41	568 490	66	.	.	.	.	.	.	.	.	.	.	Liegnitz.
1 624 973	28	3 102 920	50	.	.	.	.	.	.	1 060	.	.	.	Oppeln.
1 599 319	27	930 498	08	.	.	2 094	.	.	.	2 089	35	.	.	Magdeburg.
1 801 672	90	3 093 034	79	.	.	.	.	.	.	7 264	85	.	.	Merseburg.
1 327 533	26	2 111 055	88	12	.	2 952	.	.	.	1 786	98	.	.	Erfurt.
1 073 754	56	800 345	01	.	.	108	89	.	.	5 606	42	.	.	Schleswig.
1 203 177	03	485 148	80	112	28	.	.	.	.	.	.	.	.	Hannover.
3 583 308	.	3 050 533	16	44 541	25	11 726	30	.	.	.	.	.	.	Hildesheim.
1 516 324	79	1 006 931	68	.	.	349	70	.	.	460	90	.	.	Lüneburg.
403 516	51	284 398	41	.	.	.	.	.	.	.	.	.	.	Stade.
305 027	69	234 937	69	1 000	.	.	.	.	.	.	.	.	.	Osnabrück (mit Aurich).
1 184 508	27	1 067 247	88	9	05	.	.	.	.	.	.	.	.	Minden (mit Münster).
844 127	46	561 914	53	.	.	.	.	.	.	1 504	98	.	.	Arnsberg.
5 138 175	78	1 960 981	96	1 196	35	.	.	.	.	662	48	.	.	Cassel.
1 912 836	64	404 417	76	19 500	.	.	.	.	.	2 754	19	.	.	Wiesbaden.
1 148 474	72	85 524	33	52 132	60	.	.	.	.	1 396	78	.	.	Coblenz.
579 909	22	511 582	86	.	.	.	.	.	.	921	22	.	.	Düsseldorf.
416 725	88	272 450	68	.	.	.	.	.	.	.	.	.	.	Cöln.
2 187 383	88	1 305 416	95	.	.	.	.	.	.	996	50	.	.	Trier.
1 123 257	54	279 757	54	.	.	1 171	23	.	.	2 400	.	.	.	Aachen.
34 003	27	*20 944*	*20*	.	.	.	.	.	.	.	.	.	.	Sigmaringen.
111 698	85	*54 815*	*01*	.	.	.	.	.	.	.	.	1 459 000	.	Generalstaatskasse.
8 168	.	462 609	34	.	.	841 133	37	.	.	.	.	.	.	Ministerial-, Militär- und Baukommission.
73 176 400	47	60 655 642	13	325 800	72	1 960 587	17	193 913	50	148 183	73	1 459 000	.	Zusammen

*

Zu Tabelle 46 b.

Laufende Nummer	Regierungsbezirk usw.	Einmalige und außerordentliche sowie außeretatsmäßige Ausgaben: Anlage und Beteiligung an Anlagen von Kleinbahnen M.	Pf.	Ankauf und erste Einrichtung von Gütern in den Provinzen Westpreußen und Posen als Grundstücke zu den Forsten M.	Pf.	Mehrausgabe infolge nachträglicher Ernennung von Forstkassessoren und Angehörigen des Reitenden Feldjägerkorps zum Oberförster o. R. M.	Pf.	Mehrausgabe infolge vorzeitiger Aufgabe der Dienstwohnung einer Försterstelle nach dem Tode des Inhabers M.	Pf.	Zusammen (Spalte 64—72) M.	Pf.	Bleibt Reinertrag (Spalte 63 weniger 73) — Die schrägen Zahlen sind Minuszahlen M.	Pf.	Der Reinertrag (Spalte 74) beträgt wieviel vom Hundert des Rohertrages (Spalte 12)?
		69.		70.		71.		72.		73.		74.		75.
1	Königsberg	.	.	.	.	.	.	.	.	141 764	04	*3 260 215*	*46*	.
2	Gumbinnen	.	.	.	.	.	.	.	.	62 463	66	*1 446 326*	*65*	.
3	Allenstein	.	.	.	.	.	.	.	.	176 582	96	5 023 973	69	52,49
4	Danzig	.	.	47 124	22	.	.	.	.	126 838	66	1 314 894	36	35,80
5	Marienwerder	.	.	204 955	19	.	.	.	.	460 644	83	4 686 623	22	46,57
6	Potsdam	.	.	.	.	.	.	.	.	641 426	77	10 612 822	62	62,32
7	Frankfurt a. O.	.	.	.	.	.	.	.	.	24 310	32	7 099 568	40	66,13
8	Stettin	.	.	.	.	.	.	.	.	8 148	92	3 862 835	52	62,47
9	Köslin	.	.	.	.	.	.	.	.	111 611	83	77 773	68	3,82
10	Stralsund	.	.	.	.	.	.	.	.	22 309	05	389 173	30	34,96
11	Posen	.	.	1 621 692	82	.	.	.	.	1 684 854	68	86 437	80	2,40
12	Bromberg	.	.	198 501	34	.	.	.	.	232 823	30	2 512 507	94	53,46
13	Breslau	.	.	.	.	.	.	.	.	36	.	3 497 319	41	64,94
14	Liegnitz	.	.	.	.	113	16	.	.	113	16	568 377	50	37,78
15	Oppeln	.	.	.	.	.	.	.	.	1 060	.	3 101 860	50	65,61
16	Magdeburg	59 000	.	.	.	.	.	.	.	63 183	35	867 314	73	34,28
17	Merseburg	.	.	.	.	.	.	.	.	7 264	85	3 085 769	94	63,04
18	Erfurt	.	.	.	.	.	.	.	.	4 750	98	2 106 304	90	61,25
19	Schleswig	.	.	.	.	.	.	.	.	5 715	31	794 629	70	42,40
20	Hannover	.	.	.	.	.	.	.	.	112	28	485 036	52	28,73
21	Hildesheim	.	.	.	.	.	.	.	.	56 267	55	2 994 265	61	45,14
22	Lüneburg	.	.	.	.	.	.	.	.	810	60	1 006 121	08	39,87
23	Stade	.	.	.	.	93	16	.	.	93	16	284 305	25	41,33
24	Osnabrück (mit Aurich)	.	.	.	.	.	.	13	33	1 013	33	233 924	36	43,32
25	Minden (mit Münster)	.	.	.	.	.	.	.	.	9	05	1 067 238	83	47,40
26	Arnsberg	.	.	.	.	.	.	.	.	1 504	98	560 409	55	39,86
27	Cassel	.	.	.	.	.	.	.	.	1 858	83	1 959 123	13	27,60
28	Wiesbaden	.	.	.	.	.	.	.	.	22 254	19	382 163	57	16,49
29	Coblenz	.	.	.	.	.	.	.	.	53 529	38	31 994	95	2,59
30	Düsseldorf	.	.	.	.	.	.	.	.	921	22	510 661	64	46,79
31	Cöln	.	.	.	.	.	.	.	.	.	.	272 450	68	39,53
32	Trier	.	.	.	.	.	.	.	.	996	50	1 304 420	45	37,34
33	Aachen	.	.	.	.	.	.	.	.	3 571	23	276 186	31	19,69
34	Sigmaringen	.	.	.	.	.	.	.	.	.	.	*20 944*	*20*	.
35	Generalstaatskasse	.	.	.	.	.	.	.	.	1 459 000	.	*1 513 815*	*01*	.
36	Ministerial-, Militär- u. Baukommission	.	.	.	.	.	.	.	.	841 133	37	*378 524*	*03*	.
	Zusammen	59 000	.	2 072 273	57	206	32	13	33	6 218 978	34	54 436 663	79	40,69

Tabelle 46 c.

Übersicht über die Einnahmen und Ausgaben der Staatsforsten im Etatsjahre 1910.

Nummer	Regierungsbezirk	Flächeninhalt (in Übereinstimmung mit Nachweisung 37 c): a. Holzboden	b. Nichtholzboden	Zusammen (a + b)	Roheinnahme (Isteinnahme, ausschl. der Einnahme für Jagd, für verkaufte Forstgrundstücke und der Rückeinnahme zum 100 Mill.-Fonds): im ganzen	für 1 ha der Gesamtfläche (Sp. 3)		Istausgabe: Personalaufwand für Verwaltung und Schutz (außer Kassenführung)	Aufwand für den Betrieb	Summe: im ganzen (Sp. 6 u. 7)	in % der Roheinnahme		Einnahmeüberschuß: im ganzen (Sp. 4—8)	für 1 ha der Gesamtfläche (Sp. 3)	
													Die schrägen Zahlen bedeuten Zuschuß[1]		
		Hektar			Mark	M	Pf.	Mark			%		Mark	M	Pf.
		1.	2.	3.	4.	5.		6.	7.	8.	9.		10.	11.	
1	Königsberg[1]	100 600	35 840	136 440	3 311 839	24	27	855 239	5 531 208	6 386 447	192	84	*3 074 608*	*22*	*53*
2	Gumbinnen[1]	125 540	36 314	161 854	3 869 354	23	91	1 019 604	4 043 350	5 062 954	130	85	*1 193 600*	*7*	*37*
3	Allenstein	185 535	41 761	227 296	9 540 338	41	97	1 100 351	2 423 095	3 523 446	36	93	6 016 892	26	47
4	Danzig	123 269	16 407	139 676	3 637 420	26	04	829 069	1 289 066	2 118 135	58	58	1 519 285	10	88
5	Marienwerder	246 594	32 735	279 329	10 031 701	35	91	1 611 989	2 671 633	4 283 622	42	70	5 748 079	20	58
6	Potsdam	205 445	21 697	227 142	11 471 112	50	50	1 663 959	3 543 182	5 207 141	45	39	6 263 971	27	58
7	Frankfurt a. O.	190 126	16 104	206 230	10 509 323	50	96	1 333 258	2 111 690	3 444 948	32	78	7 064 375	34	25
8	Stettin	106 993	12 120	119 113	6 143 209	51	58	849 475	1 177 537	2 027 012	33		4 116 197	34	56
9	Köslin	74 817	7 716	82 533	2 015 889	24	43	514 219	580 541	1 094 760	54	31	921 129	11	16
10	Stralsund	25 631	3 180	28 811	1 073 249	37	25	261 021	424 113	685 134	63	84	388 115	13	47
11	Posen	96 232	10 279	106 511	3 486 138	32	73	678 035	995 093	1 673 128	47	99	1 813 010	17	02
12	Bromberg	129 243	12 927	142 170	4 672 731	32	87	765 262	1 114 460	1 879 722	40	23	2 793 009	19	65
13	Breslau	58 479	5 177	63 656	5 364 406	84	27	605 858	1 197 584	1 803 442	33	62	3 560 964	55	94
14	Liegnitz	22 236	1 411	23 647	1 497 941	63	35	236 173	300 033	536 206	35	80	961 735	40	67
15	Oppeln	73 230	4 488	77 718	4 705 957	60	55	634 677	954 784	1 589 461	33	78	3 116 496	40	10
16	Magdeburg	63 232	6 138	69 370	2 498 143	36	01	618 728	800 190	1 418 918	56	80	1 079 225	15	56
17	Merseburg	71 734	6 951	78 685	4 790 317	60	88	725 673	1 033 806	1 759 479	36	73	3 030 838	38	52
18	Erfurt	37 427	1 360	38 787	3 424 716	88	30	451 165	813 327	1 264 492	36	92	2 160 224	55	69
19	Schleswig	37 691	6 961	44 652	1 725 839	38	65	438 655	620 598	1 059 253	61	38	666 586	14	93
20	Hannover[2]	27 366	3 170	30 536	1 452 229	47	56	432 653	518 028	950 681	65	46	501 548	16	42
21	Hildesheim	99 882	4 316	104 198	6 548 064	62	84	1 162 761	2 243 834	3 406 595	52	02	3 141 469	30	15
22	Lüneburg	75 400	8 086	83 486	2 394 160	28	68	653 526	833 335	1 486 861	62	10	907 299	10	87
23	Stade	17 382	3 762	21 144	675 311	31	94	194 898	205 598	400 496	59	31	274 815	13	.
24	Osnabrück (mit Aurich)	13 679	2 562	16 241	528 904	32	57	141 734	160 468	302 202	57	14	226 702	13	96
25	Minden (mit Münster)	34 714	1 531	36 245	2 235 634	61	68	455 688	708 475	1 164 163	52	07	1 071 471	29	56
26	Arnsberg	23 735	870	24 605	1 370 417	55	70	280 216	379 878	660 094	48	17	710 323	28	87
27	Cassel	201 094	7 005	208 099	7 004 761	33	66	2 416 810	2 595 632	5 012 442	71	56	1 992 319	9	57
28	Wiesbaden	51 749	1 685	53 434	2 292 848	42	91	983 779	856 539	1 840 318	80	26	452 530	8	47
29	Coblenz	29 731	895	30 626	1 215 265	39	68	457 539	454 102	911 641	75	02	303 624	9	91
30	Düsseldorf	16 909	2 151	19 060	1 019 278	53	48	225 497	341 581	567 078	55	64	452 200	23	73
31	Cöln	13 709	1 002	14 711	619 453	42	11	173 808	208 574	382 382	61	73	237 071	16	12
32	Trier	64 090	2 176	66 266	3 457 625	52	18	728 582	1 321 384	2 049 966	59	29	1 407 659	21	24
33	Aachen	33 703	1 201	34 904	1 387 394	39	75	380 355	585 858	966 213	69	64	421 181	12	07
	Zusammen	2 677 197	319 978	2 997 175	125 970 965	42	03	23 880 256	43 038 576	66 918 832	53	12	59 052 133	19	70

[1] In den Regierungsbezirken Königsberg und Gumbinnen sind größere Summen Kaufgeldes für Nonnenfraßholz gestundet. Da die Einnahme im folgenden Etatsjahre entsprechend höher wird, ist der Zuschuß nur ein scheinbarer. [2] Ausschl. der Einnahmen und Ausgaben für die Verwaltung der Klosterforsten.

46c.

Unter den Einnahmen sind begriffen							Unter den Ausgaben sind begriffen									
Holzertrag (Isteinnahme)						Isteinnahme aus Forstnebennutzungen (Kap. 2 Tit. 2 + 4)	Personalaufwand				sachlicher Aufwand					
im ganzen	für 1 ha der Holzbodenfläche (Sp. 1)	hiervon					für die örtliche Verwaltung (höhere Beamte)		für Forstschutz (mittlere und Unterbeamte)		Holzhauer- und Rückerlöhne (Kap. 2 Tit. 20 voll)	Forstkulturkosten mit Ausschluß der Wegebaukosten, Fischereikosten und der Kosten für landwirtschaftliche Verbesserungen		Baukosten für Wege, Triftanlagen und Waldbahnen		Ausgaben auf Grund des Unfallversicherungsgesetzes (Kap. 4 Tit. 3)
		Nutzholz		Brennholz			im ganzen	für 1 ha der Gesamtfläche (Sp. 3)	im ganzen	für 1 ha der Gesamtfläche (Sp. 3)		im ganzen	für 1 ha Holzboden (ausschl. der Kosten für Samendarren)	im ganzen	für 1 ha Holzboden (Sp. 1)	
Mark			%	Mark	%	Mark										
12.	13.	14.	15.	16.	17.	18.	19.	20.	21.	22.	23.	24.	25.	26.	27.	28.
2 859 567	28,43	1 659 502	58	1 200 065	42	435 710	196 005	1,44	505 720	3,71	3 811 029	358 899	3,57	289 989	2,88	27 994
3 235 296	25,77	1 907 371	59	1 327 925	41	615 729	215 009	1,33	603 747	3,73	2 342 512	175 679	1,40	655 208	5,22	23 076
9 075 413	48,91	7 860 497	87	1 214 916	13	446 643	255 901	1,13	657 661	2,89	1 155 195	345 945	1,63	238 007	1,28	22 826
3 411 567	27,68	2 583 436	76	828 131	24	199 617	184 196	1,32	493 091	3,53	416 858	373 710	2,95	269 802	2,19	17 706
9 551 345	38,73	7 740 350	81	1 810 995	19	460 392	376 492	1,35	948 859	3,40	940 791	539 021	1,93	639 877	2,59	28 996
10 487 608	51,05	7 996 642	76	2 490 966	24	573 684	475 253	2,09	897 503	3,95	1 282 331	484 618	2,02	588 954	2,87	39 271
10 098 814	53,12	8 600 289	85	1 498 525	15	348 070	373 082	1,81	740 695	3,59	1 046 382	394 058	1,96	283 066	1,49	20 841
5 832 284	54,51	4 534 546	78	1 297 738	22	298 762	227 967	1,91	465 143	3,91	586 650	199 721	1,76	119 058	1,11	13 748
1 902 859	25,43	1 206 962	63	695 897	37	107 248	118 060	1,43	284 742	3,45	248 292	133 811	1,72	86 423	1,16	7 543
1 001 484	39,07	682 302	68	319 182	32	68 638	53 013	1,84	157 239	5,46	205 479	77 912	3,04	48 579	1,90	8 039
3 272 418	34,01	2 530 633	77	741 785	23	207 870	159 442	1,50	380 349	3,57	476 960	212 594	2,09	106 610	1,11	11 877
4 391 346	33,98	3 269 842	74	1 121 504	26	251 727	206 984	1,46	449 338	3,16	475 593	192 820	1,37	292 094	2,26	9 542
5 155 480	88,16	4 403 028	85	752 452	15	202 017	153 083	2,40	369 878	5,81	720 393	121 794	2,04	157 100	2,69	14 253
1 452 836	65,34	1 293 561	89	159 275	11	37 768	57 751	2,44	145 231	6,14	162 751	37 890	1,70	35 557	1,60	3 934
4 562 136	62,30	4 085 889	90	476 247	10	130 853	148 139	1,91	388 175	4,99	530 552	100 172	1,23	80 620	1,10	15 174
2 228 874	35,25	1 622 239	73	606 635	27	260 246	171 110	2,47	359 462	5,18	328 758	210 737	2,94	92 434	1,16	10 886
4 386 157	61,14	3 517 940	80	868 217	20	379 015	191 506	2,43	430 742	5,47	448 140	217 164	2,08	168 991	2,36	10 544
3 367 381	89,97	2 681 824	80	685 557	20	40 865	108 029	2,76	259 447	6,69	509 095	61 221	1,64	164 379	4,39	8 995
1 624 620	43,10	1 001 954	62	622 666	38	94 219	130 182	2,92	219 777	4,92	360 507	82 297	2,18	58 581	1,55	11 259
1 393 312	50,91	1 090 682	78	302 630	22	51 986	143 266	4,69	208 943	6,84	222 850	66 997	2,45	78 155	2,86	8 155
6 239 286	62,47	4 945 825	79	1 293 461	21	267 281	341 437	3,28	623 048	5,98	1 293 551	124 642	1,21	427 826	4,28	22 457
2 235 202	29,64	1 698 455	76	536 747	24	143 553	185 528	2,22	353 749	4,24	431 277	120 367	1,60	105 054	1,39	9 776
638 985	36,76	531 859	83	107 126	17	28 884	58 763	2,78	103 137	4,87	86 957	45 018	2,59	21 554	1,24	3 728
483 292	35,33	405 388	84	77 904	16	43 891	35 790	2,20	80 985	4,99	78 308	27 504	1,36	16 195	1,18	2 935
2 185 057	62,94	1 647 282	75	537 775	25	44 977	108 663	2,99	256 795	7,08	398 341	78 658	2,27	114 176	3,29	10 023
1 320 325	55,63	1 073 322	81	247 003	19	23 365	72 776	2,96	142 917	5,81	196 566	43 021	1,81	69 086	2,91	7 224
6 585 167	32,75	3 989 225	61	2 595 942	39	278 691	707 868	3,35	1 371 323	6,59	1 390 973	351 646	1,64	520 186	2,59	43 213
2 044 322	39,50	911 971	45	1 132 351	55	129 810	442 797	8,29	391 231	7,32	504 388	84 862	1,64	87 727	1,70	13 855
1 156 966	38,91	681 444	59	475 522	41	25 965	98 144	3,20	273 836	8,94	242 510	71 297	2,40	59 013	1,98	7 867
786 908	46,54	670 327	85	116 581	15	222 078	56 472	2,96	142 993	7,50	102 790	57 674	3,41	44 471	2,63	4 481
517 418	37,74	438 832	85	78 586	15	86 680	47 559	3,23	96 711	6,57	105 241	38 066	2,78	20 828	1,52	1 454
3 286 627	51,28	2 037 662	62	1 248 965	38	162 664	156 631	2,36	455 912	6,88	681 170	127 606	1,99	242 065	3,78	13 438
1 364 284	40,48	1 233 322	90	130 962	10	15 022	90 304	2,59	191 133	5,48	220 573	115 642	3,43	135 224	4,01	4 482
118 134 636	44,13	90 534 403	77	27 600 233	23	6 683 920	6 347 202	2,12	13 449 512	4,49	22 003 763	5 673 063	1,97	6 316 889	2,36	459 592

(einschl. der Kosten für Samendarren: 2,12)

Tabelle

Nachweisung der Reinerträge

Lfd. Nr.	Regierungsbezirk	Gesamtfläche		Isteinnahme ausschl. des Erlöses für verkaufte Forstgrundstücke und der Rückeinnahme zum 100 Millionenfonds				Gesamtausgaben ausschl. der Ausgaben in Spalte 16				Mithin Reinertrag (Spalte 4—6) *Die schrägen Zahlen bedeuten Zuschuß*[1]			
				im ganzen		für 1 ha		im ganzen		für 1 ha		im ganzen		für 1 ha	
		ha	dec	Mark	Pf.	Mark	Pf.	Mark	Pf.	Mark	Pf.	Mark	Pf.	Mark	Pf.
1.	2.	3.		4.		5.		6.		7.		8.		9.	
1	Königsberg[1]	136 439	617	3 330 870	79	24	41	6 563 736	18	48	11	*3 232 865*	*39*	*23*	*69*
2	Gumbinnen[1]	161 853	614	3 888 747	19	24	03	5 191 197	60	32	07	*1 302 450*	*41*	*8*	*05*
3	Allenstein	227 295	900	9 562 000	76	42	07	3 642 945	75	16	03	5 919 055	01	26	04
4	Danzig	139 676	196	3 647 289	73	26	11	2 187 299	90	15	66	1 459 989	83	10	45
5	Marienwerder	279 329	403	10 060 666	09	36	02	4 428 337	72	15	85	5 632 328	37	20	16
6	Potsdam	227 141	997	11 552 054	88	50	86	5 353 405	84	23	57	6 198 649	04	27	29
7	Frankfurt a. O.	206 230	357	10 543 756	41	51	13	3 537 557	53	17	15	7 006 198	88	33	97
8	Stettin	119 112	927	6 171 145	97	51	81	2 090 139	97	17	55	4 081 006	.	34	26
9	Köslin	82 533	294	2 027 061	52	24	56	1 143 579	65	13	86	883 481	87	10	70
10	Stralsund	28 811	314	1 084 560	17	37	64	723 892	97	25	13	360 667	20	12	52
11	Posen	106 510	575	3 506 263	90	32	92	1 739 333	27	16	33	1 766 930	63	16	59
12	Bromberg	142 170	184	4 690 416	94	32	99	1 922 397	67	13	52	2 768 019	27	19	47
13	Breslau	63 656	091	5 385 870	39	84	61	1 836 164	40	28	85	3 549 705	99	55	76
14	Liegnitz	23 647	010	1 501 744	33	63	51	545 346	16	23	06	956 398	17	40	44
15	Oppeln	77 718	123	4 721 565	27	60	75	1 624 207	23	20	90	3 097 358	04	39	85
16	Magdeburg	69 369	462	2 529 409	35	36	46	1 534 508	62	22	12	994 900	73	14	34
17	Merseburg	78 685	438	4 822 297	69	61	29	1 808 336	99	22	98	3 013 960	70	38	30
18	Erfurt	38 786	652	3 433 429	14	88	52	1 286 400	82	33	17	2 147 028	32	55	35
19	Schleswig	44 652	377	1 744 588	59	39	07	1 076 363	89	24	11	668 224	70	14	97
20	Hannover[2]	30 535	546	1 470 308	16	48	15	964 230	47	31	58	506 077	69	16	57
21	Hildesheim	104 197	473	6 583 629	48	63	18	3 510 283	10	33	69	3 073 346	38	29	50
22	Lüneburg	83 485	531	2 411 163	97	28	88	1 503 285	69	18	01	907 878	28	10	87
23	Stade	21 144	220	679 768	63	32	15	403 609	67	19	09	276 158	96	13	06
24	Osnabrück (mit Aurich) . .	16 241	091	530 365	38	32	66	306 041	02	18	84	224 324	36	13	81
25	Minden (mit Münster) . .	36 245	241	2 247 403	54	62	01	1 183 846	16	32	66	1 063 557	38	29	34
26	Arnsberg	24 604	547	1 377 126	40	55	97	671 805	88	27	30	705 320	52	28	67
27	Cassel	208 099	091	7 050 750	24	33	88	5 066 064	89	24	34	1 984 685	35	9	54
28	Wiesbaden	53 433	690	2 313 485	68	43	30	1 901 913	16	35	59	411 572	52	7	70
29	Coblenz	30 625	587	1 228 699	05	40	12	978 762	43	31	96	249 936	62	8	16
30	Düsseldorf	19 060	327	1 035 029	08	54	30	580 280	44	30	44	454 748	64	23	86
31	Cöln	14 711	337	640 280	98	43	52	384 111	68	26	11	256 169	30	17	41
32	Trier	66 266	294	3 474 809	83	52	44	2 073 070	70	31	28	1 401 739	13	21	15
33	Aachen	34 903	988	1 401 834	08	40	16	975 611	96	27	95	426 222	12	12	21
	Zusammen	2 997 174	494	126 648 393	61	42	26	68 738 069	41	22	93	57 910 324	20	19	32

[1]) Zu lfde. Nr. 1 u. 2: In den Regierungsbezirken Königsberg und Gumbinnen sind größere Summen Kaufgeldes für Nonnenfraßholz gestundet. Da die Einnahme im folgenden Rechnungsjahre entsprechend höher wird, ist der Zuschuß nur ein scheinbarer.

[2]) Ausschl. der Einnahmen und Ausgaben für die Verwaltung der Klosterforsten.

für das Etatsjahr 1910.

Von der Einnahme entfallen auf: die Erträge aus der Jagd		Beiträge Dritter zur Besoldung der Beamten		Von der Ausgabe in Spalte 6 entfallen auf: Kosten für Werbung und Verbringen von Holz u. anderen Forstprodukten und Betriebskosten für Torfgräbereien		Kulturkosten und zwar auf Kap. 1—7 und 9—11 des Kulturplanes		Jagdverwaltungskosten und Wildschadenersatzgelder		Kosten für alle übrigen Zwecke (Spalte 6 — [12 + 13 + 14])		Außerdem sind ausgegeben bei Kapitel 3 und Kapitel 4 Titel 7 der dauernden und bei Kapitel 2 Titel 2 der einmaligen und außerordentlichen Ausgaben sowie beim 100 Million.-Fonds:		Regierungsbezirk
Mark	Pf.	Mark	Pf.	Mark	Pf.	Mark	Pf.	Mark	Pf.	Mark	Pf.	Mark	Pf.	
10.		11.		12.		13.		14.		15.		16.		17.
19 031	92	4 500	.	3 815 468	03	467 638	54	5 470	23	2 275 159	38	27 350	07	Königsberg.
19 393	14	.	.	2 355 720	23	299 737	72	30 224	04	2 505 515	61	143 876	24	Gumbinnen.
21 662	72	.	.	1 155 963	14	421 930	95	2 356	55	2 062 695	11	904 944	79	Allenstein.
9 869	71	.	.	416 857	54	396 741	71	476	65	1 373 224	.	170 420	69	Danzig.
28 964	41	.	.	940 791	09	655 237	46	7 779	48	2 824 529	69	947 833	45	Marienwerder.
80 943	10	.	.	1 282 330	87	542 260	35	9 076	81	3 519 737	81	1 062 678	02	Potsdam.
34 432	95	.	.	1 046 913	76	425 048	98	9 431	04	2 056 163	75	50 115	98	Frankfurt a. O.
27 937	07	.	.	591 963	87	222 289	05	1 009	48	1 274 877	57	230 677	08	Stettin.
11 172	54	.	.	248 291	72	146 747	99	365	53	748 174	41	814 708	49	Köslin.
11 311	52	.	.	205 478	56	83 866	34	279	28	434 268	79	.	.	Stralsund.
20 125	91	.	.	476 960	40	253 466	07	4 157	93	1 004 748	87	1 776 322	01	Posen.
17 686	.	.	.	475 592	58	216 245	37	188	92	1 230 370	80	265 079	43	Bromberg.
21 464	53	.	.	720 474	17	134 216	75	1 906	45	979 567	03	52 386	58	Breslau.
3 803	44	.	.	162 843	62	39 050	90	152	32	343 299	32	390 724	41	Liegnitz.
15 608	72	.	.	530 552	47	125 275	28	1 205	81	967 173	67	1 826	05	Oppeln.
31 266	46	.	.	328 758	35	217 728	82	16 141	45	971 880	.	127 994	.	Magdeburg.
31 980	45	.	.	453 438	72	237 833	25	1 870	92	1 115 194	10	600	76	Merseburg.
8 713	30	.	.	509 094	72	61 915	20	2 685	33	712 705	57	45 883	42	Erfurt.
18 749	43	.	.	362 163	41	84 292	72	54	.	629 853	76	3 105	98	Schleswig.
18 078	76	4 782	55	223 202	95	67 112	70	136	36	673 778	46	.	.	Hannover.
35 565	03	17 540	21	1 293 550	79	128 054	78	15 085	60	2 073 591	93	129 292	45	Hildesheim.
17 004	18	.	.	432 451	72	135 920	66	635	41	934 277	90	13 849	70	Lüneburg.
4 457	94	.	.	87 202	75	45 619	13	.	.	270 787	79	.	.	Stade.
1 460	97	.	.	78 560	.	27 503	71	.	.	199 977	31	.	.	Osnabrück (mit Aurich).
11 769	37	1 947	28	398 340	81	78 991	.	6 645	11	699 869	24	671	16	Minden (mit Münster).
6 709	50	1 548	65	196 566	13	44 099	18	269	67	430 870	90	173 826	56	Arnsberg.
45 989	72	57 311	18	1 391 023	02	366 376	36	7 172	12	3 301 493	39	73 969	72	Cassel.
20 637	50	90 137	49	504 388	18	96 650	15	1 869	72	1 299 005	11	33 177	67	Wiesbaden.
13 433	81	28 115	11	242 509	67	75 926	03	377	05	659 949	68	223 241	67	Coblenz.
15 750	55	.	.	102 790	26	100 966	51	261	45	376 262	22	550	.	Düsseldorf.
20 828	22	2 554	58	105 241	40	40 030	41	195	41	238 644	46	32 614	20	Cöln.
17 185	07	2 178	20	681 170	07	129 000	16	3 343	50	1 259 556	97	115 309	68	Trier.
14 440	46	.	.	220 572	53	120 812	23	2 931	33	631 295	87	151 216	81	Aachen.
677 428	40	210 615	25	22 037 227	53	6 488 586	46	133 754	95	40 078 500	47	7 964 247	07	

Tabelle 47.

Vergleichung der Einnahmen und Ausgaben für Torfgräbereien der Staatsforstverwaltung während der Jahre 1907—1910.

Jahr	Einnahme Mark	Ausgabe (Betriebskosten ausschl. Besoldungen) Mark	Überschuß Mark	Jahr	Einnahme Mark	Ausgabe (Betriebskosten ausschl. Besoldungen) Mark	Überschuß Mark
1907	165 405	52 138	113 267	1909	153 127	36 450	116 677
1908	162 214	36 420	125 794	1910	135 635	33 465	102 170

Tabelle 49.

Übersicht über die auf 1 ha der nutzbaren Fläche (von 1910 ab der Gesamtfläche) entfallenden dauernden Ausgaben in Mark.

Laufende Nummer	Etatsjahr	Verwaltungskosten: Unterhaltung der Forstbeamten: Besoldung, Dienstaufwand, Wohnung	Verwaltungskosten: Unterstützung der Beamten und ihrer Hinterbliebenen	Verwaltungskosten: Kosten der Gelderhebung und Auszahlung	Verwaltungskosten: Zusammen (Spalten 3—5)	Betriebskosten: Kosten für Werbung und Verbringen von Holz und anderen Forstprodukten	Betriebskosten: Kulturen und Betriebseinrichtungen	Betriebskosten: Steuern, Abgaben, Renten	Betriebskosten: Sonstige Ausgaben	Betriebskosten: Zusammen (Spalten 7—10)	Ausgaben zu forstwissenschaftlichen und Lehrzwecken	Zusammen (Spalten 6, 11, 12)
1.	2.	3.	4.	5.	6.	7.	8.	9.	10.	11.	12.	13.
1	1906	6,80	0,17	0,31	7,28	4,55	2,93	0,94	4,07	12,49	0,14	19,91
2	1907	7,40	0,18	0,31	7,89	4,97	3,03	1,10	3,12	12,22	0,16	20,27
3	1908	7,32	0,16	0,31	7,79	5,59	2,97	1,78	4,13	14,47	0,14	22,40
4	1909	8,18	0,13	0,33	8,64	6,14	3,14	1,61	3,18	14,07	0,14	22,85
5	1910	7,96	0,13	0,30	8,39	7,34	3,07	1,80	3,66	15,87	0,13	24,39

Tabelle 52 a.

Nachweisung der während des Jahres 1911 vorgekommenen erheblicheren Brände in den Staatswaldungen und der hierdurch vernichteten Holzbestände.

Laufende Nummer	Provinz	Zahl der Brände	Es ist vernichtet: der Bestand ganz oder zum größten Teil ha	der Bestand nur zum kleinen Teil ha	nur die Bodendecke ha	Gesamtfläche ha	Bemerkungen
1	Ostpreußen	2	7,1	7,0	1,8	15,9	
2	Westpreußen	3	5,8	.	8,2	14,0	
3	Brandenburg	9	171,5	62,0	22,2	255,7	
4	Pommern	5	35,3	3,8	8,6	47,7	
5	Posen	1	1 558,1	124,8	.	1 682,9	
6	Schlesien	9	4,6	1,6	4,6	10,8	
7	Sachsen	2	135,0	.	.	135,0	
8	Schleswig-Holstein	2	542,0	1,9	16,7	560,6	
9	Hannover	14	690,7	11,5	209,0	911,2	
10	Westfalen mit Schaumburg . .	1	1,3	.	.	1,3	
11	Hessen-Nassau ohne Schaumburg	.	.	.	.	.	
12	Rheinprovinz	5	462,6	0,2	43,3	506,1	
	Zusammen	53	3 614,0	212,8	314,4	4 141,2	

Tabelle 54b.

Vergleichung des Flächeninhalts, des Holzeinschlags, der Einnahme, der Ausgabe und des Reinertrages in den Jahren 1906—1910 mit den Ergebnissen des Jahres 1868, letztere gleich 100 gerechnet.

Statsjahr	Gesamtfläche	Holzeinschlag		Roh-Ertrag			Dauernde Ausgabe								Reinertrag
		Derbholz	Stock- und Reisigholz	Für Holz	Sonstige Einnahmen	Zusammen	Persönliche Kosten	sächliche Kosten					Zu forstwissenschaftlichen und Lehrzwecken	Betrag der Ausgaben	
								Werbungs- usw. Kosten	Kultur- usw. Kosten	Steuern und Renten	Sonstige Ausgaben	Zusammen			
1.	2.	3.	4.	5.	6.	7.	8.	9.	10.	11.	12.	13.	14.	15.	16.
1906	111,6	190	98	289	150	274	236	213	321	270	335	271	523	258	290
1907	112,2	196	95	310	159	293	257	234	334	317	258	266	592	264	322
1908	113,3	205	110	305	169	290	256	265	330	522	345	326	522	294	287
1909	114,2	225	115	312	177	298	305	294	352	475	268	268	541	333	264
1910	115,0	283	108	327	186	310	291	369	362	559	331	372	516	340	277

Tabelle 56b u. c.

Nachweisung über die Zahl der Studierenden auf den Forst-Akademien Eberswalde und Münden im Sommerhalbjahr 1911 und im Winterhalbjahr 1911/12.

Halbjahr	Studierende, die den Vorbedingungen für den Eintritt in die Preußische Forstverwaltungs-Laufbahn Genüge geleistet hatten						Studierende, die den Vorbedingungen für den Eintritt in die Preußische Forstverwaltungs-Laufbahn nicht Genüge geleistet hatten und Hospitanten				Zusammen Studierende
	Zivil-Forst-Beflissene	Angehörige		Zusammen	Davon waren		Preußen	Angehörige anderer deutscher Staaten	Ausländer	Zusammen	
		des reitenden Feldjägerkorps	der Jäger-Bataillone		Preußen	Angehörige anderer deutscher Staaten					
1.	2.	3.	4.	5.	6.	7.	8	9.	10.	11.	12.
a) Eberswalde.											
Sommer 1911 . .	38	13	1	52	52	.	11	4	6	21	73
Winter 1911/12 . .	29	14	1	44	44	.	12	5	9	26	70
b) Münden.											
Sommer 1911 . .	29	13	.	42	41	1	8	11	5	24	66
Winter 1911/12 . .	36	15	.	51	49	2	7	11	5	23	74

Tabelle 58. Übersicht über die verausgabten Kultur- und

Laufende Nummer	Regierungsbezirk	Zur Holzzucht bestimmte Fläche	Verausgabte – Kapitel I – Nachbesserungen und Wiederholungen: Bodenverwundung				Saat				Pflanzung				Im ganzen				Bodenverwundung			
		ha	ha	dec	Mark	Pf.	ha	dec	Mark	Pf.	ha	dec	Mark	Pf.	ha	dec	Mark	Pf.	ha	dec	Mark	Pf.
1.	2.	3.	4.				5.				6.				7.				8.			
1	Königsberg . .	100 600	.	.	.	.	6	.	173	61	390	968	37 898	04	396	968	38 071	65	1	760	33	08
2	Gumbinnen .	125 540	.	205	15	73	39	019	329	57	339	546	25 280	48	378	770	25 625	78	8	.	121	78
													29	.			*29*	.				
3	Allenstein . .	185 535	62	890	2 710	48	91	846	1 690	19	919	679	55 316	59	1 074	415	59 717	26	147	948	3 743	98
4	Danzig . . .	123 269	46	738	1 149	60	6	690	59	82	557	497	45 112	89	610	925	46 322	31	262	484	3 616	51
					8	.							*13*	.			*21*	.			*24*	.
5	Marienwerder .	246 594	1	500	23	28	20	090	372	61	1 284	067	65 785	19	1 305	657	66 181	09	25	380	617	53
													8	.			*8*	.				
6	Potsdam . .	205 445	96	786	1 686	03	83	588	3 583	12	896	411	84 744	56	1 076	785	90 013	71	185	650	2 672	52
													15	.			*15*	.				
7	Frankfurt a. O.	190 126	.	.	.	.	574	360	2 941	71	893	069	86 716	30	1 467	429	89 658	01	156	500	2 725	28
8	Stettin . . .	106 993	40	900	1 015	21	13	996	208	77	319	865	25 333	58	374	761	26 557	56	563	558	9 260	33
9	Köslin . . .	74 817	9	.	166	11	29	800	468	05	172	103	11 944	58	210	903	12 578	74	628	932	8 157	81
10	Stralsund . .	25 631	73	700	2 252	65	5	080	98	56	173	559	16 643	54	252	339	18 994	75	223	300	4 684	10
11	Posen . . .	96 232	.	.	.	.	61	330	493	42	663	897	43 915	90	725	227	44 409	32	55	060	1 446	45
													5	*50*			*5*	*50*				
12	Bromberg . .	129 243	6	200	198	30	7	550	122	66	714	582	35 903	06	728	332	36 224	02	.	.	.	.
													26	*80*			*26*	*80*				
13	Breslau . .	58 479	23	500	318	11	9	050	546	31	223	219	20 246	04	255	769	21 110	46	42	.	443	.
14	Liegnitz . . .	22 236	.	.	.	.	3	919	58	04	113	243	5 210	33	117	162	5 268	37	.	.	.	.
15	Oppeln . . .	73 230	4	800	65	34	10	650	119	91	261	220	19 232	01	276	670	19 417	26	.	.	.	.
16	Magdeburg .	63 232	.	.	.	.	333	995	12 380	13	320	145	36 040	74	654	140	48 420	87	42	500	1 016	15
17	Merseburg . .	71 734	5	750	211	76	11	550	220	45	249	270	23 819	75	266	570	24 251	96	117	800	1 735	93
18	Erfurt . . .	37 427	16	450	270	82	2	500	22	57	84	128	6 608	16	103	078	6 901	55	66	298	1 467	24
19	Schleswig . .	37 691	35	040	572	02	15	434	572	78	134	872	10 718	72	185	346	11 863	52	170	963	5 142	51
20	Hannover . .	27 366	85	735	1 059	46	44	581	2 110	07	59	897	5 177	.	190	213	8 346	53	351	401	6 579	63
21	Hildesheim . .	99 882	72	805	1 525	03	7	400	191	66	199	052	17 495	28	279	257	19 211	97	935	322	13 691	49
22	Lüneburg . .	75 400	39	253	1 802	03	13	408	426	79	249	844	19 773	64	302	505	22 002	46	100	102	2 472	07
23	Stade . . .	17 382	85	230	3 290	36	2	188	121	26	52	917	5 392	83	140	335	8 804	45	54	563	1 406	53
24	Osnabrück (mit Aurich) . .	13 679	.	.	.	.	1	050	10	50	37	319	3 106	41	38	369	3 116	91	8	335	217	87
25	Minden (mit Münster) .	34 714	68	163	2 030	13	49	399	529	54	84	012	9 470	21	201	574	12 029	88	692	759	12 256	59
26	Arnsberg . .	23 735	110	950	1 718	20	13	700	43	66	32	585	2 395	06	157	235	4 156	92	270	535	3 830	84
27	Cassel . . .	201 094	359	195	6 758	87	273	060	3 684	95	439	955	39 767	53	1 072	210	50 211	35	1 135	310	24 554	22
									6	.							*6*	.				
28	Wiesbaden . .	51 749	9	300	156	20	6	133	361	98	73	574	5 513	92	89	007	6 032	10	738	578	9 470	17
29	Coblenz . . .	29 731	261	280	7 131	37	25	348	677	30	36	948	2 854	50	323	576	10 663	17	376	800	8 524	03
30	Düsseldorf . .	16 909	1	280	23	80	12	625	192	70	66	062	6 224	03	79	967	6 440	53	12	630	263	55
31	Cöln . . .	13 709	3	.	83	01	5	.	358	99	41	087	3 543	37	49	087	3 985	37	5	.	294	01
32	Trier . . .	64 090	330	917	9 063	14	111	100	1 874	99	199	370	9 708	94	641	387	20 647	07	217	.	5 314	93
33	Aachen . . .	33 703	6	800	379	34	.	715	31	92	110	430	9 085	08	117	945	9 496	34	108	500	2 306	12
	Zusammen	2 677 197	1 857	367	45 676	38	1 892	154	35 078	59	10 394	392	795 978	26	14 143	913	876 733	23	7 704	968	138 066	25
					8	.			*6*	.			*97*	*30*			*111*	*30*			*24*	.

Anmerkung. Die schrägen Zahlen geben den Wert der verwendeten Forststrafarbeit an.

Verkehrswegebaugelder für das Etatsjahr 1910.

Kulturgelder

Kapitel II												Kapitel III				Kapitel IV		Kapitel V		Kapitel VI			
Erstmalige Kulturen												für Anlegung und Unterhaltung von Saat- und Pflanzkämpen				für Anschaffung von Samen und Ankauf von Pflanzen		für Bewehrungen und Verhegungen		Abzugsgräben u. sonstiger Entwässerungs-Anlagen: für Unterhaltung alter		für Herstellung neuer	
Saat				Pflanzung				Im ganzen															
ha	dec	Mark	Pf.	ha	dec	Mark	Pf.	ha	dec	Mark	Pf.	ha	dec	Mark	Pf.	Mark	Pf.	Mark	Pf.	Mark	Pf.	Mark	Pf.
9.				10.				11.				12.				13.		14.		15.		16.	
33	420	778	98	881	698	179 343	06	916	878	180 155	12	54	299	64 707	72	16 649	63	14 472	75	9 029	71	2 720	74
480	487	11 888	92	302	188	23 381	44	790	675	35 392	14	53	946	36 478	23	13 525	85	17 607	31	14 061	49	5 366	61
														2	*40*					*1*	*60*		
2 175	608	65 113	03	876	404	41 753	42	3 199	960	110 610	43	60	995	44 437	21	50 621	46	6 899	79	2 627	33	115	40
342	200	11 703	24	1 399	344	181 348	48	2 004	028	196 668	23	42	497	37 304	91	22 387	40	9 741	47	4 176	87	678	50
		3	*20*			*40*	*10*			*67*	*30*			*82*	*90*			*3*	.	*2*	*40*	*1*	*50*
2 825	484	69 350	67	1 938	631	94 010	44	4 789	495	163 978	64	93	627	47 796	34	94 560	24	6 686	97	3 952	82	2 016	09
		2	*40*			*8*	*80*			*11*	*20*							.	*90*				
1 214	289	38 591	58	537	807	68 607	05	1 937	746	109 871	15	77	966	74 175	47	85 121	09	53 400	89	4 943	02	643	19
						15	.			*15*	.			*8*	*10*								
1 037	365	47 638	76	558	639	57 283	25	1 752	504	107 647	29	67	294	39 376	15	36 148	98	32 503	89	4 587	12	647	33
														2	.								
420	452	28 206	74	363	259	36 676	.	1 347	269	74 143	07	16	787	27 263	34	20 675	98	7 361	67	3 491	99	335	15
														6	.								
1 313	431	27 267	79	538	627	35 884	54	2 480	990	71 310	14	13	154	11 516	23	13 226	.	1 573	31	2 644	59	1 007	77
103	702	2 527	70	88	231	11 090	61	415	233	18 302	41	12	691	12 770	93	4 885	48	3 893	59	2 982	99	239	69
525	690	15 442	34	821	156	43 228	33	1 401	906	60 117	12	42	592	25 813	03	32 367	71	4 089	34	1 759	.	244	30
		14	.			*47*	*70*			*61*	*70*			*55*	*20*								
306	445	12 850	51	750	866	41 878	91	1 057	311	54 729	42	45	124	26 337	03	27 848	16	3 741	88	1 470	02	255	43
		4	.			*27*	*40*			*31*	*40*			*41*	*20*								
259	497	13 492	42	286	936	28 029	62	588	433	41 965	04	23	111	22 668	06	10 260	11	7 953	88	2 040	65	1 104	10
2	181	338	67	184	345	12 417	67	186	526	12 756	34	11	936	8 273	52	852	08	3 017	96	354	58	201	40
242	295	15 416	89	258	077	21 095	55	500	372	36 512	44	15	003	9 699	72	12 534	90	3 109	94	3 896	87	4 328	04
		4	*80*							*4*	*80*			*4*	*20*					*1*	*60*		
662	812	21 832	97	125	748	15 824	87	831	060	38 673	99	28	600	26 839	94	33 963	71	29 432	57	1 643	13	165	70
298	824	15 357	01	282	460	31 766	07	699	084	48 859	01	16	649	17 191	64	75 670	61	10 898	20	3 267	62	2 290	88
26	116	762	79	280	497	24 324	06	372	911	26 554	09	8	118	11 926	66	4 369	32	2 639	07	361	05	550	85
						2	*40*			*2*	*40*												
237	028	7 395	94	248	552	18 143	67	656	543	30 682	12	6	304	15 218	32	9 327	90	3 401	26	1 045	79	300	53
242	845	13 075	81	54	307	6 065	54	648	553	25 720	98	5	658	9 027	30	9 207	12	7 672	78	1 131	57	48	80
193	105	4 233	34	364	330	31 040	92	1 492	757	48 965	75	19	234	28 419	43	7 500	46	3 456	06	1 601	97	1 589	68
256	404	8 617	18	301	204	30 735	83	657	710	41 825	08	14	460	24 876	82	5 745	56	7 161	42	4 223	14	1 522	66
90	506	9 551	75	64	533	8 685	89	209	602	19 644	17	3	532	6 078	33	3 828	92	2 608	84	647	06	1 222	81
72	810	2 097	91	45	317	5 164	14	126	462	7 479	92	1	951	2 834	95	9 955	31	391	93	1 372	91	11	20
								1 015	464	30 417	76							3 947	98	661	80	929	49
153	118	1 466	42	169	587	16 694	75					6	090	13 821	79	3 846	29						
2	200	110	60	169	388	13 929	57	442	123	17 871	01	6	740	10 792	53	2 810	01	1 114	43	146	51	144	43
956	065	22 236	57	898	685	76 823	85	2 990	060	123 614	64	37	096	64 604	95	38 745	33	9 948	49	2 158	64	4 709	17
						10	*80*			*10*	*80*			*3*	*90*			*3*	.				
77	400	1 935	33	382	156	26 502	32	1 198	134	37 907	82	17	943	20 415	67	3 251	81	1 617	56	674	57	801	75
105	845	2 687	47	254	130	18 172	80	736	775	29 384	30	17	497	17 899	37	4 306	21	2 470	11	219	48	99	20
152	023	11 249	18	83	013	9 702	91	247	666	21 215	64	8	249	9 741	09	2 170	69	5 489	60	1 682	10	970	50
44	835	2 692	48	148	045	12 937	65	197	880	15 924	14	7	205	10 245	12	1 471	70	1 951	21	336	82	837	52
267	280	11 513	70	408	492	29 739	30	892	772	46 567	93	11	499	23 770	52	9 663	13	3 002	99	1 717	30	3 696	93
														45	*75*								
17	202	1 502	25	540	693	41 653	13	666	395	45 461	50	10	687	29 404	68	1 418	90	2 890	76	2 331	25	2 422	18
15 138	964	498 926	94	14 607	345	1 294 135	64	37 451	277	1 930 928	83	858	534	831 727	.	668 918	05	276 149	90	87 241	76	42 218	02
		28	*40*			*152*	*20*			*204*	*60*			*251*	*65*			*6*	*90*	*5*	*60*	*1*	*50*

Laufende Nummer	Regierungsbezirk	Verausgabte Kulturgelder: Kapitel VII: Für Anschaffung und Unterhaltung der Kulturgeräte		Kapitel XI: Insgemein		Zusammen Kapitel I bis VII und XI: Gesamtausgabe		Zusammen Kapitel I bis VII und XI: durchschnittl. für 1 ha Holzboden (ausschl. der Kosten für Samendarren)		Kapitel IX: für Fischereizwecke		Kapitel X: für Verbesserung von Forstgrundstücken		Zusammen Kapitel IX und X		Gesamtfläche	Kapitel VIII: für Unterhaltung alter Holzabfuhrwege und Waldbahnen		Kapitel VIII: für Herstellung neuer Holzabfuhrwege und Waldbahnen	
		Mark	Pf.	Mark	Pf.	Mark	Pf.	Mark	Pf.	Mark	Pf.	Mark	Pf.	Mark	Pf.	ha	Mark	Pf.	Mark	Pf
		17.		18.		19.		20.		21.		22.		23.		24.	25.		26.	
1	Königsberg . . .	2 554	91	30 536	45	358 898	68	3	57	.	.	108 739	86	108 739	86	136 440	66 001	94	30 299	12
																	12	.		
2	Gumbinnen . .	5 173	01	22 448	52	175 678	94	1	40	5 802	73	118 256	05	124 058	78	161 854	118 624	62	288 391	77
						33	.					*60*	*40*	*60*	*40*		*31*	.		
3	Allenstein . . .	13 149	97	57 766	25	345 945	10	1	63	34	85	75 951	.	75 985	85	227 296	41 563	86	12 615	48
4	Danzig	18 531	58	37 898	34	373 709	61	2	95	394	83	22 637	27	23 032	10	139 676	31 440	05	48 779	29
				334	*90*	*513*	.					*52*	.	*52*	.		*724*	*15*	*84*	.
5	Marienwerder . .	22 094	86	131 754	36	539 021	40	1	93	720	69	115 495	37	116 216	06	279 329	43 426	71	23 793	30
				14	.	*34*	*10*										*489*	*55*	*130*	.
6	Potsdam . . .	7 477	12	58 972	03	484 617	67	2	02	70	49	57 572	19	57 642	68	227 142	84 528	42	83 383	44
				8	*40*	*46*	*50*										*26*	*65*		
7	Frankfurt a. O. .	11 536	02	71 953	65	394 058	44	1	96	2 326	20	28 664	34	30 990	54	206 230	47 610	67	7 593	48
						2	.													
8	Stettin	6 865	02	33 027	71	199 721	49	1	76	7	56	22 560	.	22 567	56	119 113	36 681	56	5 291	42
				84	.	*90*	.					*15*	.	*15*	.		*342*	.		
9	Köslin	4 167	88	15 786	49	133 811	15	1	72	75	45	12 861	39	12 936	84	82 533	17 455	37	13 585	02
																	5	*70*		
10	Stralsund . . .	1 067	08	14 775	26	77 912	18	3	04	.	.	5 954	16	5 954	16	28 811	16 595	05	6 241	57
																	2	.		
11	Posen	6 615	59	37 178	82	212 594	23	2	09	1 991	55	38 880	29	40 871	84	106 511	21 846	65	5 425	21
				24	*96*	*147*	*36*										*163*	*48*		
12	Bromberg . . .	5 699	45	36 514	34	192 819	75	1	37	.	.	23 425	62	23 425	62	142 170	37 426	48	7 763	45
				30	*40*	*129*	*80*										*438*	*27*		
13	Breslau	1 306	50	13 385	71	121 794	51	2	04	.	.	12 422	24	12 422	24	63 656	44 790	35	23 120	69
																	17	.		
14	Liegnitz	683	05	6 482	48	37 889	78	1	70	322	87	838	25	1 161	12	23 647	13 194	14	6 415	05
15	Oppeln	1 221	50	9 451	65	100 172	32	1	23	227	72	24 875	24	25 102	96	77 718	29 406	17	734	40
				9	*60*	*20*	*20*										*458*	*95*		
16	Magdeburg . .	4 423	36	27 173	59	210 736	86	2	94	.	.	6 991	96	6 991	96	69 370	33 786	13	5 993	23
17	Merseburg . . .	2 043	55	32 690	50	217 163	97	2	08	.	.	20 669	28	20 669	28	78 685	46 429	82	9 911	97
18	Erfurt	2 842	55	5 075	55	61 220	69	1	64	.	.	694	51	694	51	38 787	55 539	93	59 154	89
						2	*40*										*4*	.		
19	Schleswig . . .	1 613	63	8 844	11	82 297	18	2	18	.	.	1 995	54	1 995	54	44 652	23 693	78	4 265	35
20	Hannover . . .	674	20	5 167	55	66 996	83	2	45	.	.	115	87	115	87	30 536	25 551	49	15 646	09
21	Hildesheim . . .	2 787	20	11 109	20	124 641	72	1	21	389	80	3 023	26	3 413	06	104 198	184 299	63	102 610	58
22	Lüneburg . . .	1 077	28	11 932	69	120 367	11	1	60	1 863	98	13 689	57	15 553	55	83 486	37 468	51	17 175	59
23	Stade	238	14	1 945	51	45 018	23	2	59	32	91	567	99	600	90	21 144	2 771	66	410	63
24	Osnabrück (m. Aurich)	240	20	2 100	38	27 503	71	1	36	.	.	.	.	.	.	16 241	6 131	16	8 036	79
25	Minden (m. Münster)	900	09	12 103	36	78 658	44	2	27	.	.	332	56	332	56	36 245	29 360	32	29 625	25
26	Arnsberg . . .	669	83	5 315	36	43 021	03	1	81	293	90	784	25	1 078	15	24 605	20 565	15	15 003	80
27	Cassel	5 402	90	52 250	37	351 645	84	1	64	474	10	14 256	42	14 730	52	208 099	195 692	81	141 656	29
						23	*70*										*21*	*70*		
28	Wiesbaden . . .	718	90	13 441	50	84 861	68	1	64	113	54	11 674	93	11 788	47	53 434	46 256	56	31 542	26
29	Coblenz	511	75	5 743	57	71 297	16	2	40	518	94	4 109	93	4 628	87	30 626	16 315	03	11 751	60
																	1	*30*		
30	Düsseldorf . . .	159	60	9 804	12	57 673	87	3	41	29	40	43 263	24	43 292	64	19 060	8 206	58	382	80
31	Cöln	61	76	3 251	92	38 065	56	2	78	49	52	1 915	33	1 964	85	14 711	5 642	25	891	03
				3	.	*3*	.										*31*	*50*		
32	Trier	1 256	19	17 284	10	127 606	16	1	99	22	84	1 371	16	1 394	.	66 266	62 108	26	68 037	73
						45	*75*										*317*	*50*		
33	Aachen	1 770	62	20 445	88	115 642	11	3	43	134	37	5 035	75	5 170	12	34 904	35 066	16	54 237	33
	Zusammen	135 535	29	823 611	40	5 673 063	32	1	97	15 898	24	799 624	82	815 523	06	2 997 175	1 485 477	27	1 139 765	90
	(einschl. der Kosten für Samendarren:							2	12)											
				509	*26*	*1 090*	*81*					*127*	*40*	*127*	*40*		*3 086*	*75*	*214*	

58.

Verausgabte Verkehrswegebaugelder										Für Holzabfuhr- und Verkehrswege sind verausgabt				Durchschnittlicher Tagelohn				Beihilfen zu Chausseen usw. außerhalb der Forsten (Kap. 2 Tit. 23)		Laufende Nummer
für Unterhaltung alter Wege		für Herstellung neuer Wege		für Brücken		Beihilfen an Gemeinden usw. und Insgemein		Zusammen (Spalte 27—30)		im ganzen		durchschnittlich für 1 ha der Gesamtfläche		für Männer		für Frauen				
Mark	Pf.	Mark	Pf.	Mark	Pf.	Mark	Pf.	Mark	Pf.	Mark	Pf.	Mark	Pf.	M.	Pf.	M.	Pf.	Mark	Pf.	
27.		28.		29.		30.		31.		32.		33.		34.		35.		36.		
85 046	48	21 961	01	6 841	59	45 514	17	159 363	25	255 664	31	1	87	2	25	1	27	34 325	.	1
										12	*.*									
63 746	37	72 911	09	9 614	66	98 101	93	244 374	05	651 390	44	4	02	2	09	1	22	3 817	60	2
										31	*.*									
39 477	21	4 402	66	2 437	80	82 200	.	128 517	67	182 697	01	.	80	1	85	1	05	55 310	.	3
51 112	21	127 408	13	1 475	23	3 460	02	183 455	59	263 674	93	1	89	1	86	1	13	6 126	68	4
190	*60*	*64*	*50*					*255*	*10*	*1 063*	*25*									
59 020	19	473 765	13	6 458	76	642	60	539 886	68	607 106	69	2	17	1	88	1	17	32 770	.	5
100	*80*							*100*	*80*	*720*	*35*									
227 642	25	172 985	76	6 361	69	6 051	89	413 041	59	580 953	45	2	56	2	70	1	34	8 000	.	6
27	*30*							*27*	*30*	*53*	*95*									
90 316	26	67 632	94	5 159	13	31 313	56	194 421	89	249 626	04	1	21	2	24	1	24	33 440	.	7
38 027	49	31 719	41	877	50	100	62	70 725	02	112 698	.	.	95	2	52	1	31	6 359	69	8
12	*.*							*12*	*.*	*354*	*.*									
28 147	15	1 735	59	296	94	209	36	30 389	04	61 429	43	.	74	1	99	1	21	24 993	92	9
										5	*70*									
16 537	75	.	.	197	60	.	.	16 735	35	39 571	97	1	37	2	25	1	30	9 007	33	10
										2	*.*									
41 149	26	11 612	29	3 399	48	176	90	56 337	93	83 609	79	.	78	1	94	1	02	23 000	.	11
87	*.*	*40*	*.*					*127*	*.*	*290*	*48*									
38 400	83	2 781	99	1 020	10	178 605	37	220 808	29	265 998	22	1	87	1	92	1	19	26 096	.	12
11	*80*					*11*	*.*	*22*	*80*	*461*	*07*									
42 584	96	15 677	38	4 876	44	150	08	63 288	86	131 199	90	2	06	1	90	1	.	25 900	.	13
6	*40*							*6*	*40*	*23*	*40*									
14 305	77	.	.	378	27	18	52	14 702	56	34 311	75	1	45	2	.	1	09	1 244	73	14
25 020	47	.	.	5 019	67	3 387	20	33 427	34	63 567	91	.	82	1	88	1	01	17 052	28	15
161	*73*					*30*	*10*	*191*	*83*	*650*	*78*									
36 136	38	16 108	15	226	89	182	76	52 654	18	92 433	54	1	33	2	63	1	30	.	.	16
60 669	45	45 999	21	2 349	52	1 439	10	110 457	28	166 799	07	2	12	2	41	1	21	2 192	18	17
37 703	54	3 949	76	299	84	372	42	42 325	56	157 020	38	4	05	2	81	1	33	7 359	.	18
										4	*.*									
17 033	07	.	.	98	10	9 991	98	27 123	15	55 082	28	1	23	2	88	1	74	3 499	01	19
11 760	09	1 076	73	.	.	23 720	74	36 557	56	77 755	14	2	55	2	67	1	70	400	.	20
102 796	72	35 539	70	467	25	24	75	138 828	42	425 738	63	4	09	2	60	1	38	2 087	13	21
12 169	57	37 136	89	15	40	.	.	49 321	86	103 965	96	1	25	2	60	1	55	1 088	07	22
2 137	74	.	.	.	.	.	.	2 137	74	5 320	03	.	25	2	85	1	96	16 234	28	23
2 008	45	.	.	19	.	.	.	2 027	45	16 195	40	1	.	2	49	1	67	.	.	24
31 344	63	20 860	75	84	60	.	.	52 289	98	111 275	55	3	07	2	49	1	54	2 900	.	25
22 487	28	5 177	19	.	.	.	.	27 664	47	63 233	42	2	57	3	18	1	70	5 852	07	26
126 579	96	3 279	15	.	.	18 595	45	148 454	56	485 803	66	2	33	2	50	1	43	34 382	14	27
										21	*70*									
3 896	92	.	.	.	.	1 500	.	5 396	92	83 195	74	1	56	2	85	1	63	4 530	91	28
27 226	17	2 901	97	.	.	27	.	30 155	14	58 221	77	1	90	2	60	1	47	791	32	29
										1	*30*									
29 733	14	1 948	62	.	.	.	.	31 681	76	40 271	14	2	11	2	84	1	91	4 200	.	30
13 952	45	342	86	.	.	.	.	14 295	31	20 828	59	1	42	3	13	1	58	.	.	31
										31	*50*									
93 602	36	13 731	09	10	.	.	.	107 343	45	237 489	44	3	58	2	99	1	46	4 575	60	32
										317	*50*									
38 912	35	6 942	06	66	35	.	.	45 920	76	135 224	25	3	87	2	76	1	59	.	.	33
														1	85	1	.			
1 530 684	92	1 199 587	51	58 051	81	505 786	42	3 294 110	66	5 919 353	83	1	97	3	18	1	96	397 534	94	
597	*63*	*104*	*50*			*41*	*10*	*743*	*23*	*4 043*	*98*									

Tabelle

Nachweisung über die von der Staatsforstverwaltung beschäftigten Arbeiter, über die Löhne, Arbeitszeit, Kranken-
den Versicherungsgesetzen gemachten Aufwendungen und über die

Laufende Nummer	Regierungs-Bezirk	Von der Staatsforstverwaltung beschäftigte: Überhaupt: Zahl	Überhaupt: Ungefähre Gesamtzahl der Arbeitstage	Nachweisung der Arbeitslöhne. Für ein Tagewerk sind im Durchschnitt vergütet: im Tagelohn, im Sommer: Männer		Frauen		jugendliche Arbeiter		durchschnittliche tägliche Arbeitsdauer	im Winter: Männer		Frauen		durchschnittl. tägl. Arbeitsdauer	im Stücklohn: im Sommer: Männer		im Winter: Männer		Von den Arbeitern … Gesetzen vom … zwangs-: bei forstfiskalischen Betriebskrankenkassen: Zahl	ungefähre Gesamtzahl der Arbeitstage
				M.	Pf.	M.	Pf.	M.	Pf.	Std.	M.	Pf.	M.	Pf.	Std.	M.	Pf.	M.	Pf.		
1.	2.	3.	4.	5.		6.		7.		8.	9.		10.		11.	12.		13.		14.	15.
1	Königsberg	18 684	1 722 040	2	27	1	27	1	08	10	1	85	1	07	7,7	2	99	2	36	.	.
2	Gumbinnen	9 385	701 117	2	18	1	26	.	98	9,9	1	79	.	98	7,6	2	94	2	25	625	79 500
3	Allenstein	11 199	665 220	1	90	1	02	.	87	10	1	63	.	90	7,4	2	49	2	25	2 817	227 311
4	Danzig	6 849	452 130	1	93	1	14	1	03	10	1	59	.	96	7,6	2	42	1	99	.	.
5	Marienwerder	15 588	812 506	1	94	1	18	1	.	10	1	61	.	99	8	2	42	2	02	.	.
6	Potsdam	11 371	648 097	2	75	1	35	.	99	9,5	2	43	1	20	8	3	41	2	84	1 159	80 942
7	Frankfurt a. O.	10 572	582 081	2	30	1	29	1	09	10	1	89	1	08	8	2	93	2	70	2 020	122 439
8	Stettin	5 204	306 367	2	57	1	34	1	15	10	2	14	1	10	8	3	20	2	83	.	.
9	Köslin	3 864	202 586	1	95	1	19	1	07	10	1	66	1	05	8	2	67	2	28	.	.
10	Stralsund	1 242	104 525	2	55	1	45	1	06	10	2	04	1	31	8,3	3	34	3	16	.	.
11	Posen	6 529	366 911	2	02	1	09	.	85	9,9	1	62	.	92	7,8	2	58	1	98	3 285	192 115
12	Bromberg	6 867	385 315	1	96	1	21	1	.	10	1	70	1	05	8	2	76	2	16	.	.
13	Breslau	6 558	408 742	1	94	1	.	.	82	10	1	68	.	87	8	2	38	1	98	.	.
14	Liegnitz	1 486	103 141	2	02	1	09	.	86	9,7	1	85	1	.	7,9	2	75	2	45	.	.
15	Oppeln	6 270	379 713	1	91	1	02	.	84	9,9	1	68	.	91	8	2	52	2	06	.	.
16	Magdeburg	3 243	228 785	3	07	1	32	1	.	10	2	34	1	18	8	3	09	2	73	.	.
17	Merseburg	4 775	275 117	2	48	1	22	1	04	10	2	16	1	06	8	3	05	2	62	1 504	126 243
18	Erfurt	2 524	216 408	2	81	1	33	1	12	10	2	59	1	20	8	3	56	3	34	565	120 539
19	Schleswig	2 168	145 748	2	93	1	78	1	47	9,8	2	63	1	57	8,1	3	45	3	15	30	3 525
20	Hannover	1 650	103 575	2	70	1	68	1	28	9,8	2	47	1	42	8,4	3	41	2	99	.	.
21	Hildesheim	4 253	523 568	2	64	1	39	1	22	9,9	2	42	1	23	8,7	3	33	3	10	.	.
22	Lüneburg	3 054	207 893	2	66	1	58	1	30	9,8	2	39	1	41	8,2	3	43	3	08	.	.
23	Stade	806	51 911	2	92	2	02	1	72	10	2	44	1	75	8	3	35	2	63	.	.
24	Osnabrück (m. Aurich)	822	43 950	2	49	1	67	1	45	10	2	20	1	60	8	2	78	2	78	.	.
25	Minden (m. Münster)	2 802	160 257	2	54	1	55	1	32	9,7	2	36	1	46	8,3	3	27	3	11	.	.
26	Arnsberg	900	76 707	3	22	1	74	1	63	9,6	3	04	1	67	8,2	3	93	3	71	.	.
27	Cassel	16 188	763 808	2	51	1	44	1	18	10	2	26	1	29	8,4	3	19	2	72	406	24 791
28	Wiesbaden	6 771	232 063	2	82	1	61	1	57	9,9	2	59	1	50	8,4	3	46	2	85	.	.
29	Coblenz	3 072	142 429	2	61	1	47	1	34	10	2	37	1	32	8	3	10	2	81	.	.
30	Düsseldorf	994	57 189	2	88	1	83	1	62	9,7	2	68	1	40	8,4	3	48	3	24	.	.
31	Cöln	818	47 717	3	16	1	61	1	33	9,5	2	87	1	50	8	3	50	3	28	.	.
32	Trier	4 394	314 209	2	92	1	45	1	38	10	2	65	1	22	8,3	3	74	3	22	4 293	309 737
33	Aachen	2 108	151 835	2	86	1	64	1	39	10	2	49	1	47	8	3	53	3	08	.	.
	Summe	183 010	11 583 660	1	90	1	.	.	82	9,9	1	59	.	87	8,1	2	38	1	98	16 704	1 287 142
				3	22	2	02	1	72		3	04	1	75		3	93	3	34		

59.

versicherung (Erkrankungen) und Betriebsunfälle sowie über die von der Staatsforstverwaltung für die Arbeiter nach freiwillig gewährten Unterstützungen für das Etatsjahr 1910.

Arbeiter: sind gegen Krankheit versichert nach den 15. Juni 1883 und 10. April 1892 — weise: bei Ortskrankenkassen oder der Gemeinde-Krankenversicherung: Zahl	ungefähre Gesamtzahl der Arbeitstage	freiwillig: Zahl	ungefähre Gesamtzahl der Arbeitstage	Erkrankt sind von den Arbeitern der Spalte 14	16	18	Betriebsunfälle: Gesamtzahl der Unfälle	Tötungen bei Betriebsunfällen	Kosten des Heilverfahrens während der ersten 13 Wochen, soweit sie den forstfiskalischen Gutsbezirken zur Last fallen M.	Pf.	Sonstige Aufwendungen der Forstverwaltung als Betriebsunternehmerin M.	Pf.	Mithin Gesamtaufwendungen M.	Pf.	Freiwillige Unterstützungen von Waldarbeitern und deren Hinterbliebenen M.	Pf.	Außerdem sind aus dem Gnadenpensionsfonds gezahlt M.	Pf.
16.	17.	18.	19.	20.	21.	22.	23.	24.	25.		26.		27.		28.		29.	
98	8 156	232	21 892	.	.	4	261	8	2 270	53	25 723	59	27 994	12	4 800	.	.	.
224	32 197	198	29 393	130	5	15	162	2	3 349	04	19 727	32	23 076	36	3 776	67	324	.
.	.	12	2 400	377	.	.	129	2	1 947	60	20 878	01	22 825	61	4 700	.	545	.
.	.	70	11 060	.	.	7	44	2	2 440	28	15 265	96	17 706	24	2 200	.	72	.
4 381	242 305	281	36 204	.	262	31	71	1	2 384	50	26 611	89	28 996	39	4 700	.	538	60
4 265	272 163	1 844	126 948	115	232	82	119	4	438	37	38 832	14	39 270	51	3 500	.	759	.
1 489	123 617	1 032	95 763	152	100	73	49	1	1 496	36	19 344	76	20 841	12	3 090	.	174	.
2 803	196 339	178	15 671	.	229	6	55	.	56	25	13 691	82	13 748	07	2 000	.	312	.
.	.	393	44 412	.	.	41	18	.	262	92	7 280	50	7 543	42	1 160	.	504	.
833	98 257	125	11 863	.	44	7	18	1	.	.	8 039	43	8 039	43	442	80	.	.
12	565	52	3 019	258	.	4	46	1	2 754	94	9 121	96	11 876	90	1 800	.	.	.
11	875	102	9 318	.	.	16	41	2	1 877	95	7 663	71	9 541	66	1 430	.	.	.
745	54 570	513	59 289	.	76	13	109	5	1 507	82	12 745	37	14 253	19	2 100	.	108	.
457	65 782	268	31 173	.	57	34	17	.	.	.	3 933	69	3 933	69	315	.	.	.
2 596	211 039	177	14 851	.	366	20	52	1	293	95	14 879	80	15 173	75	1 234	.	120	.
2 219	206 661	.	.	.	161	.	17	.	.	.	10 886	37	10 886	37	850	.	420	.
988	67 641	721	40 989	198	65	11	60	.	.	.	10 544	34	10 544	34	1 300	.	132	.
827	72 289	12	350	117	83	.	46	1	.	.	8 994	48	8 994	48	1 100	.	.	.
755	63 466	459	42 817	1	18	15	21	1	782	50	10 476	04	11 258	54	800	.	184	.
725	62 848	125	8 347	.	67	5	31	.	.	.	8 155	25	8 155	25	800	23	.	.
1 504	197 924	1 513	304 232	.	175	351	200	2	.	.	22 456	97	22 456	97[1])	2 201	.	462	.
505	51 734	683	74 540	.	37	67	49	1	278	17	9 497	86	9 776	03	1 200	.	.	.
68	2 700	58	4 841	.	3	.	3	.	.	.	3 727	75	3 727	75	400	.	.	.
195	11 289	61	5 039	.	15	.	14	.	5	25	2 929	63	2 934	88	400	.	.	.
999	95 408	549	27 835	.	116	17	31	1	.	.	10 022	85	10 022	85	810	.	.	.
342	39 039	282	29 563	.	41	14	17	.	.	.	7 223	90	7 223	90	500	.	.	.
9 790	470 206	1 983	110 714	59	765	137	26	3	952	.	42 260	96	43 212	96	3 600	.	583	.
2 043	99 629	913	47 194	.	117	23	65	.	.	.	13 854	98	13 854	98	895	.	.	.
1 061	49 390	274	21 754	.	67	29	36	.	.	.	7 867	29	7 867	29	800	.	.	.
155	21 165	310	19 753	.	19	5	15	.	.	.	4 481	24	4 481	24	500	.	.	.
349	27 798	79	5 345	.	24	2	9	.	.	.	1 453	69	1 353	69	300	.	.	.
.	.	18	1 020	782	.	8	106	.	.	.	13 437	53	13 437	53	1 554	40	.	.
113	15 284	299	31 677	.	12	21	24	.	.	.	4 482	47	4 482	47	700	.	.	.
40 552	2 860 336	13 816	1 289 266	2 189	3 156	1 058	1 961	39	23 098	43	436 493	55	459 591	98	55 959	10	5 237	60

[1]) Außerdem sind für die Arbeiterunterstützungskasse in Clausthal 38 766,94 Mark aufgewendet worden.

Tabelle

Nachweisung über die aus dem Forstbaufonds zu unterhaltenden

Laufende Nummer	Regierungsbezirk	Etatsmäßige Dienststellen für: Oberförster	Etatsmäßige Dienststellen für: Revierförster, Hegemeister, Förster, 1 Dünenaufseher	Anzahl der Dienstgehöfte oder Dienstwohnungen für: Oberförster	Anzahl der Dienstgehöfte oder Dienstwohnungen für: Revierförster, Hegemeister, Förster	Anzahl der Dienstgehöfte oder Dienstwohnungen für: Waldwärter	Anzahl der Dienstgehöfte oder Dienstwohnungen für: Förster o. R., Forstaufseher	Anzahl der Dienstgehöfte oder Dienstwohnungen für: Verwalter bei den Nebenbetriebsanstalten	Anzahl der Dienstgehöfte oder Dienstwohnungen für: Meister bei den Nebenbetriebsanstalten	Anzahl der Dienstgehöfte oder Dienstwohnungen für: Wärter bei den Nebenbetriebsanstalten	Dienstwohnungen für Forstkassenrendanten	Waldarbeiter-Wohnungen: Anzahl der Wohnhäuser	Waldarbeiter-Wohnungen: Anzahl der vorhandenen Wohnungen	Waldarbeiter-Wohnungen: Anzahl der zugehörigen Wirtschaftsgebäude	Waldarbeiterherbergen
1.	2.	3.	4.	5.	6.	7.	8.	9.	10.	11.	12.	13.	14.	15.	16.
1	Königsberg	24	144[1])	24	142[2])	2	11	.	2	.	.	35	86	32	8
2	Gumbinnen	28	157	28	157	4	32	.	2	.	.	65	178	71	.
3	Allenstein	35	205	33	201	1	34	.	.	.	.	58	117	86	2
4	Danzig	23	147	23	146	.	32	.	.	.	.	79	146	86	4
5	Marienwerder . . .	50	292	47	290	2	64	.	3	.	.	201	461	277	.
6	Potsdam	45	239	44	238	1	57	.	1	.	.	43	94	55	1
7	Frankfurt a. O. . . .	40	229	39	223	.	28	.	.	.	1	50	105	70	.
8	Stettin	26	134	26	135	1	21	.	1	.	.	24	50	29	1
9	Köslin	15	93	15	93	.	13	.	.	2	1	62	118	70	.
10	Stralsund	6	50	6	48	.	9	.	.	.	.	30	69	32	1
11	Posen	19	116	18	116	.	39	.	.	.	.	96	197	126	2
12	Bromberg	25	136	22	136	1	20	.	2	2	.	43	89	48	.
13	Breslau	16	108	13	108	.	12	.	.	.	.	8	17	15	6
14	Liegnitz	5	42	5	38	.	2	.	.	.	.	3	6	2	1
15	Oppeln	17	106	14	107	1	36	.	2	.	1	12	23	15	.
16	Magdeburg	18	101	17	100	.	14	.	.	.	.	3	4	.	.
17	Merseburg	22	124	22	122	1	12	.	1	.	1	5	7	6	.
18	Erfurt	14	76	13	75	.	2	.	.	.	.	3	5	3	.
19	Schleswig	14	60	11	58	11	10	.	.	.	.	44	54	31	.
20	Hannover	28	99	15[3])	63[3])	.	6	.	.	.	.	15	16	8	6
	(davon klösterlich	12	36)												
21	Hildesheim	42	184	42	176	.	11	.	.	.	.	25	50	30	50
22	Lüneburg	22	105	20	103	2	11	.	.	.	.	56	119	50	6
23	Stade	7	29	7	29	1	1	.	.	.	.	8	15	.	2
24	Osnabrück (mit Aurich)	5	25	5	25	2	.	.	.	.	.	4	5	3	.
25	Minden (mit Münster)	12	73	10	69	2	3	.	.	.	.	1	3	.	1
26	Arnsberg	10	43	8	42[4])	.	2	.	.	.	.	4	4	1	2
27	Cassel	87	405	83	390	3	14	.	1	.	1	5	9	3	.
28	Wiesbaden	56	106	55	98[5])	4	2	.	.	.	.	.	.	.	1
29	Coblenz	12	78	11	71	.	4	.	.	.	.	.	.	.	.
30	Düsseldorf	5	41	4	39	.	2	.	.	.	.	1	1	1	1
31	Cöln	4	26	3	25	.	2	.	.	.	.	1	1	2	1
32	Trier	18	117	17	110	.	6	.	.	.	.	4	4	1	35
33	Aachen	10	57	10	55	.	1	.	.	.	.	2	3	.	7
34	Sigmaringen . . .	4	.	1	.	.	.	.	.	.	.	.	.	.	.
	Zusammen	764	3947	711	3828	39	513	.	15	4	5	990	2056	1153	138
	Offene Stellen	3	11	(8	39	aus Spalte 33)									
	Etatssumme	767	3958[1])												
	(davon klösterlich	12	36)												

60.

Gebäude nach dem Stande vom 30. September 1911.

Mühlen		Samendarren	Gasthäuser	Armenhäuser	Anzahl der sonstigen vermieteten oder mit Pachtgrundstücken verbundenen		Feuerwachttürme	Ruinen- und Aussichtstürme	Außerhalb der Forstgehöfte gelegene Gebäude zur Unterbringung von Kulturgeräten, Wildheu usw.	Sonstige Gebäude	Es sind ohne Dienstgehöfte		Gebäude, zu deren Ausführungen Darlehne oder Bauprämien aus Fonds der landwirtschaftlichen Verwaltung gewährt worden sind	Bemerkungen
vom Staate verwaltete	verpachtete				Wohnungen	zugehörigen Wirtschaftsgebäude					Oberförster	Förster usw.		
17.	18.	19.	20.	21.	22.	23.	24.	25.	26.	27.	28.	29.	30.	31.
.	.	2	.	1	7	4	.	.	1	5	.	.	.	1) Einschl. 1 Dünenaufsehers und 2er für eine Privatforst angestellter Förster.
.	.	.	2	.	1	.	5	.	29	2	.	.	.	
.	6	3	3	1	34	32	12	.	16	7	2	4	.	2) Ausschl. der Wohnungen für diese beiden Förster.
.	6	2	2	3	39	39	7	1	1	10	.	1	14	
.	9	6	3	4	31	63	21	.	40	12	3	2	35	
1	.	8	4	.	12	10	3	1	9	16	1	1	.	
1	.	3	1	3	12	14	2	1	13	.	1	6	.	
.	2	5	.	1	18	13	.	.	3	.	.	.	.	
.	5	1	1	.	24	37	.	.	3	1	.	.	.	
.	.	.	2	.	2	4	.	.	5	4	.	2	.	
.	.	1	1	4	11	20	11	.	11	4	1	.	1	
.	3	2	1	1	7	5	22	.	5	2	3	.	39	
.	.	3	3	.	.	.	.	3	8	1	3	.	.	
.	.	.	1	.	.	.	7	1	1	3	.	4	.	
.	.	3	.	.	1	.	.	.	3	2	3	.	.	
.	.	3	3	.	4	1	3	2	2	1	1	1	.	
.	.	3	2	.	1	1	6	2	11	7	.	2	.	
.	.	.	3	.	1	3	.	2	3	.	1	1	.	
.	.	.	.	.	6	14	2	.	1	.	3	2	.	
.	.	.	.	.	6	1	.	1	.	1	1	.	.	3) Außerdem: 8 Oberförster-, 35 Förster-, 5 Waldwärter-, 2 Forstaufsehergehöfte aus Fonds der Klosterkammer.
										(außerdem	4	1 klösterlich)		
.	5	1	3	.	2	2	.	9	69	4	.	8	.	
.	.	.	.	.	3	.	6	.	8	19	2	2	.	
.	.	.	.	.	3	.	.	.	1	.	.	.	11	
.	.	1	.	.	1	2	.	.	.	.	.	.	1	
.	.	.	.	.	3	1	.	1	4	.	2	4	.	
.	.	.	.	.	12	10	.	.	.	4	2	.	.	4) Außerdem 1 Förstergehöft aus Fonds der Marken-Interessenten.
.	1	1	3	.	2	.	.	13	36	11	4	15	.	
.	.	.	.	.	1	1	.	1	11	1	1	7	.	5) Außerdem 1 Förstergehöft aus Zentralstudienfonds.
.	.	.	.	.	.	.	.	.	.	1	1	7	1	
.	.	.	.	.	.	.	.	.	2	.	1	2	5	
.	.	.	.	.	8	6	.	1	2	.	1	1	.	
.	.	.	1	.	.	.	1	3	89	.	1	7	.	
.	.	.	.	.	3	3	5	2	.	.	.	2	.	
.	.	.	.	.	.	.	.	.	.	.	3	.	.	
2	37	48	39	18	255	286	113	44	387	118	41	81	107	
										(außerdem	4	1 klösterlich)		
											45	82		

*

GPSR Compliance

The European Union's (EU) General Product Safety Regulation (GPSR) is a set of rules that requires consumer products to be safe and our obligations to ensure this.

If you have any concerns about our products, you can contact us on ProductSafety@springernature.com

In case Publisher is established outside the EU, the EU authorized representative is:

Springer Nature Customer Service Center GmbH
Europaplatz 3
69115 Heidelberg, Germany

Batch number: 10866273

Printed by Printforce, the Netherlands